Coleção Eu gosto m@is

MATEMÁTICA

CÉLIA PASSOS

Cursou Pedagogia na Faculdade de Ciências Humanas de Olinda – PE, com licenciaturas em Educação Especial e Orientação Educacional. Professora do Ensino Fundamental e Médio (Magistério) e coordenadora escolar de 1978 a 1990.

ZENEIDE SILVA

Cursou Pedagogia na Universidade Católica de Pernambuco, com licenciatura em Supervisão Escolar. Pós-graduada em Literatura Infantil. Mestra em Formação de Educador pela Universidade Isla, Vila de Nova Gaia, Portugal. Assessora Pedagógica, professora do Ensino Fundamental e supervisora escolar desde 1986.

5ª edição
São Paulo
2022

2.º ANO
ENSINO FUNDAMENTAL

IBEP

Coleção Eu Gosto Mais
Matemática 2º ano
© IBEP, 2022

Diretor superintendente	Jorge Yunes
Diretora editorial	Célia de Assis
Coordenadora editorial	Viviane Mendes Gonçalves
Assistentes editoriais	Isabella Mouzinho, Patrícia Ruiz e Stephanie Paparella
Revisores	Katia Godoi e Yara Affonso
Secretaria editorial e processos	Elza Mizue Hata Fujihara
Ilustrações	Eunice/Conexão Editorial, Imaginario Studio, Ilustra Cartoon, João Anselmo e Izomar
Produção gráfica	Marcelo Ribeiro
Projeto gráfico e capa	Aline Benitez
Ilustração da capa	Gisele Libutti
Diagramação	N-Public/Formato Comunicação

DADOS INTERNACIONAIS DE CATALOGAÇÃO NA PUBLICAÇÃO (CIP) DE ACORDO COM ISBD

P289e

Passos, Célia
    Eu gosto m@is: Matemática 2º ano / Célia Passos, Zeneide Silva. – 5. ed. – São Paulo : IBEP – Instituto Brasileiro de Edições Pedagógicas, 2022.
    260 p. : il. ; 20,5cm x 27,5cm. – (Eu gosto m@is)

  ISBN: 978-65-5696-208-5 (aluno)
  ISBN: 978-65-5696-209-2 (professor)

    1. Ensino Fundamental Anos Iniciais. 2. Livro didático. 3. Matemática. I. Silva, Zeneide. II. Título. III. Série.

2022-2424   CDD 372.07
                                                       CDU 372.4

Elaborado por Odilio Hilario Moreira Junior – CRB-8/9949

Índice para catálogo sistemático:
1. Educação – Ensino fundamental: Livro didático 372.07
2. Educação – Ensino fundamental: Livro didático 372.4

5ª edição – São Paulo – 2022
Todos os direitos reservados

IBEP

Rua Agostinho de Azevedo, S/N – Jardim Boa Vista
São Paulo/SP – Brasil – 05583-140
Tel.: (11) 2799-7799 – www.editoraibep.com.br

Gráfica Impress - Outubro 2022

APRESENTAÇÃO

Querido aluno, querida aluna,

Ao elaborar esta coleção pensamos muito em vocês.

Queremos que esta obra possa acompanhá-los em seu processo de aprendizagem pelo conteúdo atualizado e estimulante que apresenta e pelas propostas de atividades interessantes e bem ilustradas.

Nosso objetivo é que as lições e as atividades possam fazer vocês ampliarem seus conhecimentos e suas habilidades nessa fase de desenvolvimento da vida escolar.

Por meio do conhecimento, podemos contribuir para a construção de uma sociedade mais justa e fraterna: esse é também nosso objetivo ao elaborar esta coleção.

Um grande abraço,

As autoras

SUMÁRIO

LIÇÃO

1 Os números no dia a dia 6
- Os números e as quantidades 6
- Os números e os códigos 7
- Os números que indicam ordem 9
- Os números estão em toda parte 11
- Os algarismos 12
- Os números e o tempo 14
- Comparação de números: igual, maior ou menor 16
- Ordem crescente e ordem decrescente 20

2 Sistema de Numeração Decimal 24
- A história dos números 24
- Unidades e dezenas 26
- Dezena e meia dezena 27

3 Números até 99 29
- Números de 11 a 19 29
- Números de 20 a 29 33
- Números de 30 a 59 36
- Números de 60 a 99 40
- Dezenas exatas 44
- Estimativas 48

4 Adição 52
- Ideia de juntar 52
- Ideia de acrescentar 53
- Adição sem reagrupamento (com um algarismo) 54
- Adição sem reagrupamento (com dois algarismos) 56

5 Subtração 62
- Ideia de retirar 62
- Ideia de comparar 65
- Ideia de completar 67
- Subtração sem reagrupamento (com dois algarismos) ... 70

6 Geometria: Linhas retas e linhas curvas 74

7 Dúzia e meia dúzia 78

8 Números ordinais 83

9 Números até 999 87
- Sistema de Numeração Decimal – centena 90
- Decomposição de um número natural 91

LIÇÃO

10 **Adição e subtração: números com 3 algarismos** 104
- Adição sem reagrupamento (com três algarismos) 104
- Adição com reagrupamento 110
- Subtração sem reagrupamento (com três algarismos) 120
- Subtração com reagrupamento 124
- Verificação da adição e da subtração 134

11 **Números pares e números ímpares** 138
- Números pares e números ímpares com dois algarismos 140

12 **Sólidos geométricos e figuras planas** 145
- Sólidos geométricos 145
- Figuras planas 149

13 **Pensamento algébrico** 153
- Sequências repetitivas de figuras 154
- Sequências recursivas 158

14 **Localização e movimentação** 159
- Orientação e localização 160
- Movimentação 162

15 **Ideias de multiplicação** 167
- Organização retangular 168
- Combinatória 169
- Proporcionalidade 170
- Dobro 173
- Triplo 173
- Quádruplo 174
- Quíntuplo 174

16 **Ideias da divisão** 182
- Metade 188

17 **Noção de acaso** 191
- É possível ou é impossível? 191
- É provável ou é improvável? 193

18 **Tempo e dinheiro** 198
- Calendário 198
- Horários 202
- Dinheiro 204
- Nosso dinheiro 205

19 **Medidas de comprimento** 211
- Realizando medidas 211
- Medindo com palmos 212
- Medindo comprimentos 213
- O metro 214

20 **Medidas de massa** 219

21 **Medidas de capacidade** 224

Almanaque 231

LIÇÃO 1
OS NÚMEROS NO DIA A DIA

Os números e as quantidades

Observe nas imagens o uso dos números.

- Em que situações você utiliza números para quantificar?
- Alguma vez você já fez uma contagem por estimativa?

> Quando queremos fazer uma contagem aproximada, fazemos uma estimativa da quantidade de objetos de uma coleção.

Observe esta coleção de adesivos.

- Quantos adesivos você acha que tem? Dê seu palpite sem fazer a contagem um a um.
- Compare seu palpite com o de outros colegas.

Os números e os códigos

Os números servem para diversos usos.

Podemos utilizá-los para saber a quantidade de objetos em uma coleção ou para codificar objetos, espaços, documentos, acessos à internet etc.

Os números também podem ser usados para indicar a localização de uma casa, a chave de um quarto de hotel ou identificar um produto por código de barras. Nessas situações, os números são códigos.

> Quando usamos números que não indicam quantidade, nem ordem, nem medida, é possível que estejamos utilizando os números como códigos.

- Você conhece outras situações em que utilizamos os números para codificar?
- Compare sua resposta com as de outros colegas.

ATIVIDADES

1 Marque um ⓧ nas situações em que os números são usados como código.

2 Veja alguns telefones úteis:

SAMU (Serviço de Atendimento Móvel de Urgência): **192**
Polícia Rodoviária Federal: **191**
Corpo de Bombeiros: **193**

Esses números indicam a ideia de:

☐ medida ☐ código ☐ quantidade ☐ ordem

Os números que indicam ordem

Os números servem também para ordenar posições de pessoas, coisas, sequências de acontecimentos etc.

Esses números são utilizados para indicar a ordem de inscrição em uma corrida ou a classificação em vários tipos de competição esportiva.

Veja uma corrida e observe a posição dos corredores.

a) Circule o atleta que está em primeiro lugar.

b) Marque um (x) no atleta que está em 3º lugar.

c) Se tivesse mais um atleta atrás do último, em que colocação ele estaria? _____

Os números 1º, 2º, 3º, 4º, 5º, 6º... são utilizados para indicar a ordem em uma situação na qual é preciso fazer uma classificação.

ATIVIDADE

Numere os quadrinhos de acordo com os acontecimentos.

Os números estão em toda parte

Observe as imagens acima e responda.
- Os números são importantes? Por quê?
- Os números no relógio servem para quantificar ou medir? Explique.
- Os números no pódio servem para medir ou ordenar? Explique.
- Os números na placa de um carro servem para quê?
- Faça um desenho em que apareçam números.

Os algarismos

Os símbolos que usamos para representar quantidade, ordem, medida ou código chamam-se **algarismos**.

Para escrever os números, utilizamos os símbolos a seguir.

1	2	3	4	5	6	7	8	9	0
um	dois	três	quatro	cinco	seis	sete	oito	nove	zero

Os números têm diferentes quantidades de algarismos.

Eu tenho 7 anos.

E eu tenho 29 anos!

O número **7** tem **um** algarismo.
O número **29** tem **dois** algarismos.
- Quantos algarismos tem o número de dedos de sua mão?
- Quantos algarismos tem o número do endereço de sua escola?

Complete:

a) Minha idade: _____ anos. ⟶ quantidade de algarismos: _____

b) Número da minha casa: _____. ⟶ quantidade de algarismos: _____

ATIVIDADES

1 Leia o texto a seguir.

- O CEP é um código com uma sequência de 5 algarismos seguidos de mais 3 algarismos.
- O código de barras pode ser composto de 13 algarismos seguidos.
- Os telefones móveis no Brasil têm 9 algarismos, iniciando sempre com 9.

- Agora, ligue cada código ao que cada um pode representar.

7892281215516

9 5874 1364

59841-030

1847511489325

87412-684

9 7811 8222

CEP

telefone

código de barras

2 Escreva o número de telefone da sua escola: _____

Quantos algarismos tem? _____

Os números e o tempo

Observe como é a rotina de Carolina.

Carolina acorda cedo de segunda a sexta-feira para ir à escola.

Depois de tomar banho e tomar o café da manhã, Carolina vai a pé para a escola.

Quando volta da escola, Carolina almoça.

Depois de ajudar a organizar a cozinha e fazer a lição de casa, Carolina brinca com os amigos.

Ao anoitecer, Carolina janta com a família.

No fim do dia, Carolina vai descansar. Ela precisa acordar cedo novamente no dia seguinte.

- Sua rotina é como a rotina de Carolina? Conte aos amigos.

- Escreva os horários em que Carolina realiza as atividades de sua rotina.

São comuns, em nosso dia a dia, perguntas do tipo:
- A que horas você vai à escola?
- Quanto tempo você leva para ir até o mercado?
- A que horas começa o jogo?
- Qual é o tempo de duração de um jogo de futebol?

Para responder a essas perguntas e representar as horas, utilizamos os números.

Os números que aparecem nos mostradores ou nos visores dos relógios indicam a hora.

Os relógios são instrumentos de medir o tempo.

Preencha a ficha com as informações sobre sua rotina diária.

Minha rotina diária
Acordo às _____ horas.
Almoço às _____ horas.
Vou para a escola às _____ horas.
Brinco às _____ horas.
Vou dormir às _____ horas.

Comparação de números: igual, maior ou menor

Observe a seguinte situação.

Roberto tem

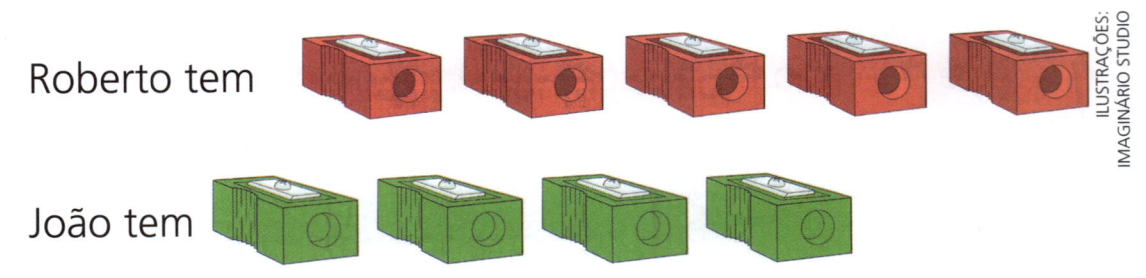

João tem

- Complete os espaços corretamente.

a) Roberto tem _____ apontadores.

b) João tem _____ apontadores.

c) A coleção que tem mais apontadores é a de _____.

d) A coleção que tem menos apontadores é a de _____.

e) Podemos escrever que _____ é maior que _____.

f) Podemos escrever, também, que _____ é menor que _____.

Veja outra situação.

Mônica tem    e Estela tem   .

- Complete os espaços corretamente.

a) Mônica tem _____ bonecas.

b) Estela tem _____ bonecas.

c) Mônica tem _____ quantidade de bonecas que Estela.

d) Podemos escrever que _____ é igual a _____.

Veja os símbolos usados para indicar a comparação entre números ou quantidades.

Para indicar quantidades **iguais**, usamos o símbolo **=**.

5 = 5

Para indicar que uma quantidade é **maior que** outra, usamos o símbolo **>**.

7 > 4

Para indicar que uma quantidade é **menor que** outra, usamos o símbolo **<**.

3 < 4

ATIVIDADES

1 Desenhe as figuras que faltam para completar os grupos, de acordo com o que é pedido.

Mais estrelas que bolas.

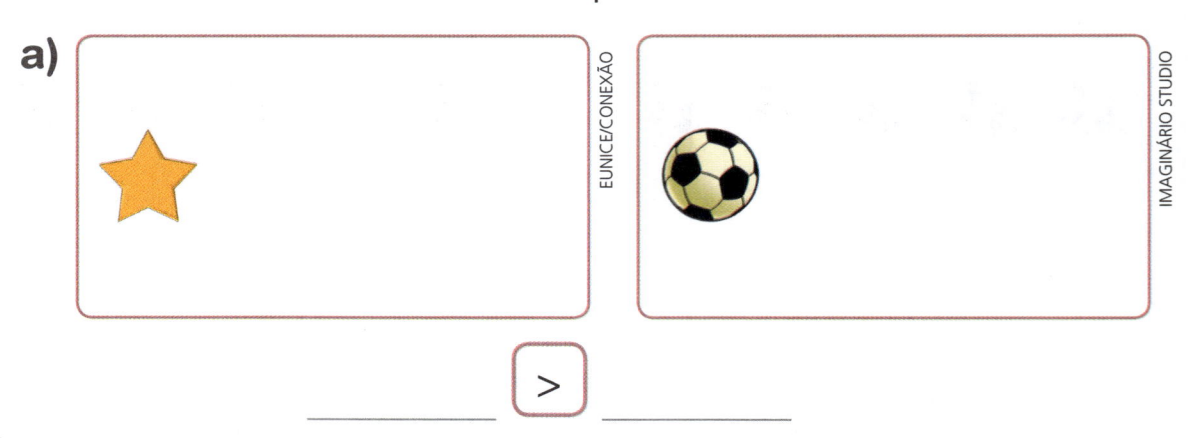

a)

_____ > _____

Menos flores que borboletas.

b)

_____ < _____

Mais pincéis que vasos.

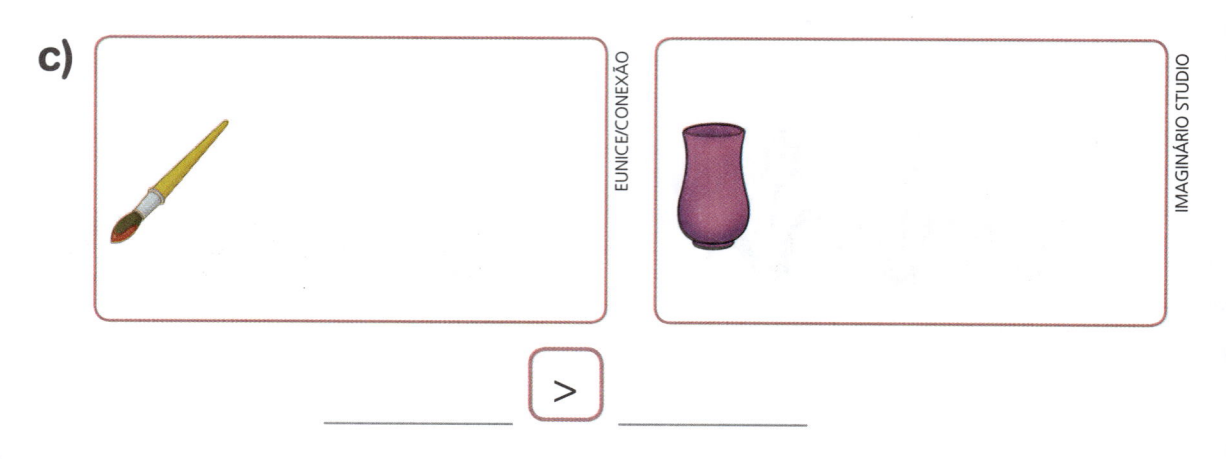

c)

_____ > _____

2 Observe a caixa de vidro com bolas numeradas.

Responda.

a) Há quantas bolas na caixa? _____

b) Que números aparecem nas bolas? _____

c) De que cor é a bola com o maior número? _____

d) De que cor é a bola com o menor número? _____

e) Escreva esses números em ordem crescente.

_____

f) Escreva esses números em ordem decrescente.

_____

3 Descubra a sequência da numeração das casas e continue numerando-as.

[   ] 65 [   ] [   ] 50 [   ]

[   ] [   ] 30 [   ] 20

A sequência da numeração das casas está na ordem _____.

Ordem crescente e ordem decrescente

Observe as imagens a seguir.

As imagens das árvores estão organizadas da menor para a maior, da esquerda para a direita. Então dizemos que elas estão em **ordem crescente**.

Agora, as imagens das árvores estão organizadas da maior para a menor, então dizemos que elas estão em **ordem decrescente**.

Veja como organizamos os números.

Ordem crescente.

| 0 | 1 | 2 | 3 | 4 | 5 | 6 | 7 | 8 | 9 |

Ordem decrescente.

| 9 | 8 | 7 | 6 | 5 | 4 | 3 | 2 | 1 | 0 |

ATIVIDADES

1 Complete com números seguindo a ordem:

2 Em cada coração, contorne de azul o número que representa a maior quantidade e de amarelo o número que representa a menor quantidade.

DESAFIO

Esta tabela tem linhas numeradas de 1 a 8 e colunas identificadas com as letras A, B, C, D e E.

	A	B	C	D	E
1				🐕	
2			🔝		
3				✈️	
4	🚗				
5	🐝				🪶
6					
7			🐈		🪁
8		⚽			

a) Marque com um ⓧ o objeto que está na posição:

- A4 ☐ carrinho ☐ cachorro
- B8 ☐ bola ☐ gato
- C2 ☐ picolé ☐ pião
- D3 ☐ flor ☐ avião
- E5 ☐ peteca ☐ abelha
- E7 ☐ estrela ☐ pipa

b) Escreva a posição em que estão os animais.

☐ gato ☐ cachorro ☐ abelha

c) Desenhe estas figuras na tabela, de acordo com a posição indicada.

B5 — flor (JOSÉ LUÍS JUHAS)

E8 — picolé (IMAGINÁRIO STUDIO)

C6 — estrela (ULHÔA CINTRA)

A1 — laranja (ULHÔA CINTRA)

D4 — joaninha (ULHÔA CINTRA)

A7 — lápis (WASTERESLEY LIMA)

LIÇÃO 2
SISTEMA DE NUMERAÇÃO DECIMAL

A história dos números

Os homens do passado não precisavam contar, pois o que necessitavam para a sua sobrevivência era retirado da própria natureza. A necessidade de contar começou com o desenvolvimento das atividades humanas, quando o homem deixou de ser pescador e coletor de alimentos para fixar residência em algum local.

O homem começou a plantar, produzir alimentos, construir casas, proteções, fortificações e domesticar animais, e, usando tais recursos para obter a lã e o leite, tornando-se criador de animais domésticos, o que trouxe profundas modificações na vida humana.

[...]

No pastoreio, o pastor usava várias formas para controlar o seu rebanho. Pela manhã, ele soltava os seus carneiros e analisava, ao final da tarde, se algum tinha sido roubado, fugido, se perdido do rebanho ou se havia sido acrescentado um novo carneiro ao rebanho. Assim eles tinham a correspondência um a um, onde cada carneiro correspondia a uma *pedrinha* que era armazenada em um saco.

WASTERESLEY LIMA

No caso das pedrinhas, cada animal que pastava de manhã correspondia a uma pedra que era guardada em um saco de couro. No final do dia, quando os animais voltavam do pasto, era feita a correspondência inversa, onde, para cada animal que retornava, era retirada uma pedra do saco. Se no final do dia ocorresse a sobra de alguma pedra, é porque faltava algum dos animais e se algum fosse acrescentado ao rebanho, era só acrescentar mais uma pedra.

A palavra *cálculo*, usada hoje, provém da palavra latina *calculus*, que significa pedrinha.

[...]

Com o passar do tempo, as quantidades foram representadas por gestos, expressões, palavras e símbolos, e cada povo tinha a sua maneira de representação.

Fonte: GONGORA, Miriam, SODRÉ, Ulysses. Origem dos números. Disponível em: http://www.uel.br/projetos/matessencial/basico/fundamental/numeros.html#sec02. Acesso em: 28 jul. 2022.

> A necessidade de registrar quantidades de objetos ou animais levou à criação de símbolos, que hoje conhecemos como **números**.

Unidades e dezenas

O sistema de numeração que usamos é um **sistema decimal**, pois contamos em grupos de 10. A palavra decimal tem origem na palavra latina *decem*, que significa 10. Esse sistema foi inventado pelos hindus, aperfeiçoado e levado à Europa pelos árabes. Daí o nome sistema indo-arábico de numeração.

Observe:

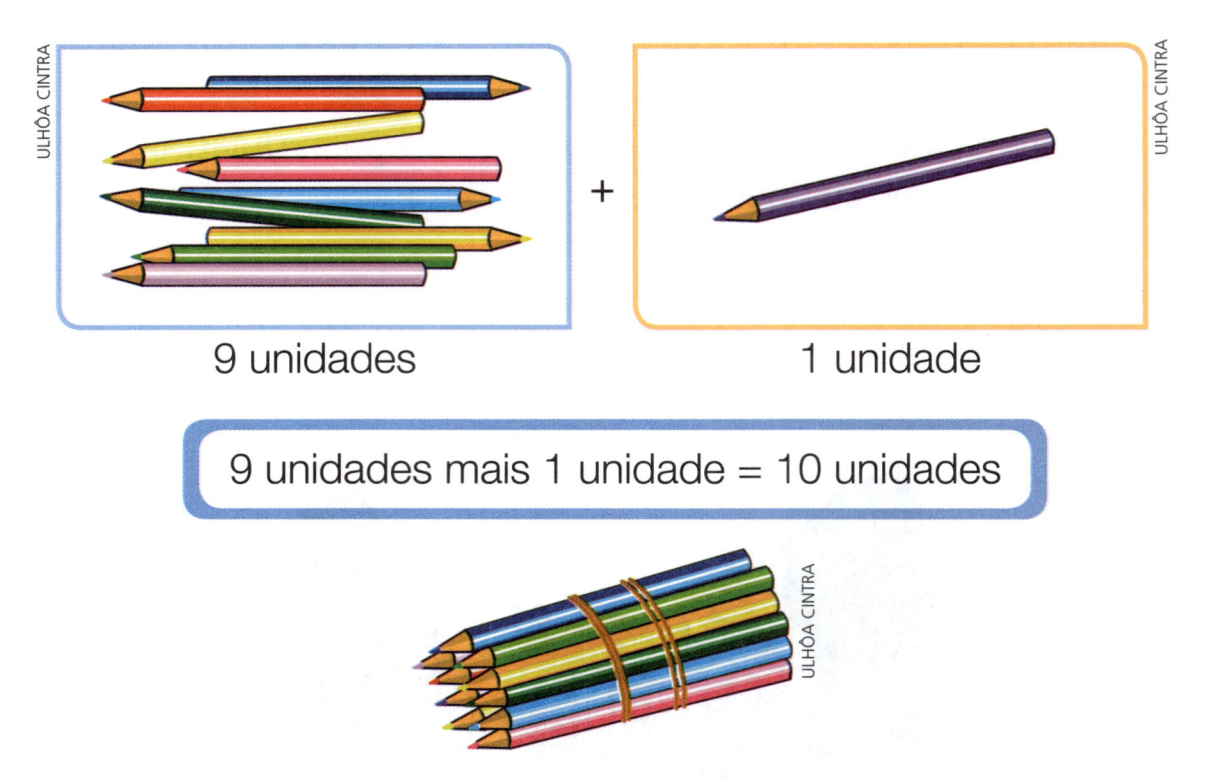

9 unidades + 1 unidade

9 unidades mais 1 unidade = 10 unidades

Observe que 10 unidades é igual a 1 dezena.

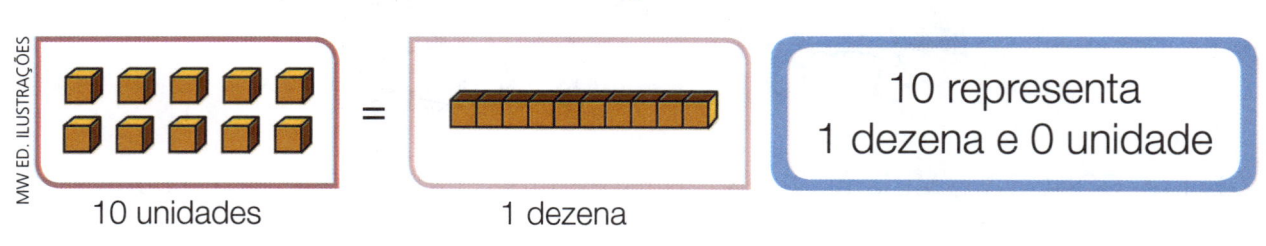

10 unidades = 1 dezena

10 representa 1 dezena e 0 unidade

Veja a representação no quadro.

Dezena	Unidade
1	0

Dezena e meia dezena

Separe estas flores em 2 grupos com o mesmo número de flores.

- Quantas flores ficaram em cada grupo? _____

> **Uma dezena** tem 10 unidades.
> **Meia dezena** tem 5 unidades.

1 dezena de estrelas
10 estrelas

meia dezena de estrelas
5 estrelas

ATIVIDADES

1 Desenhe figuras de acordo com a quantidade indicada.

Meia dezena	Uma dezena

2 Marque um [x] nos agrupamentos que têm uma dezena.

3 Desenhe para completar uma dezena em cada grupo.

4 Risque meia dezena de objetos em cada grupo. Escreva no quadrinho quantos sobram sem riscar.

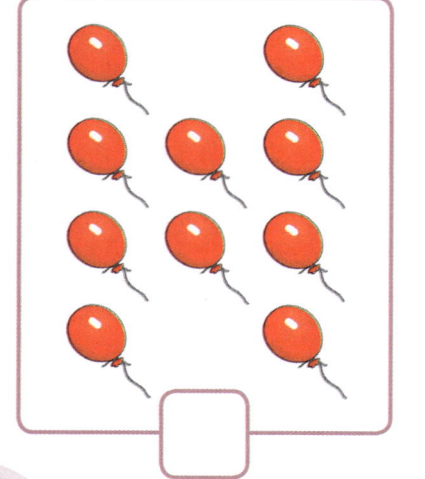

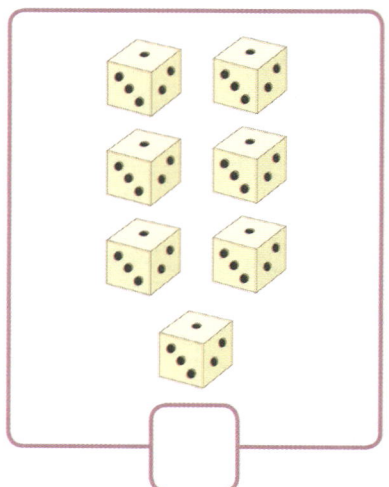

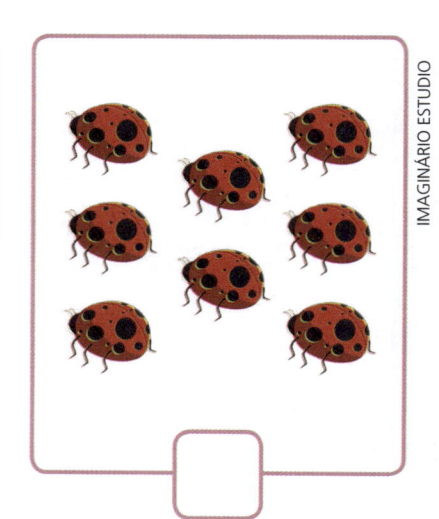

28

NÚMEROS ATÉ 99

Números de 11 a 19

Cada barra tem 10 unidades, que é o mesmo que 1 dezena. Veja em cada quadro o número total de unidades.

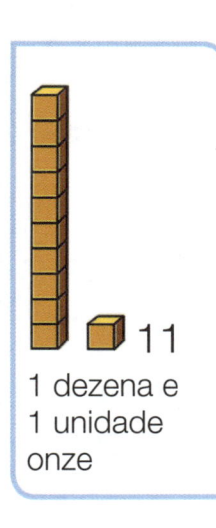

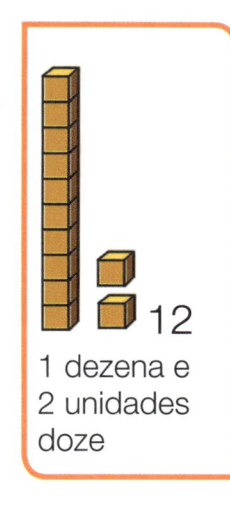

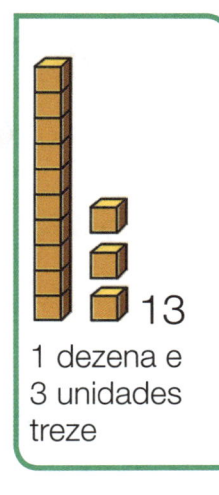

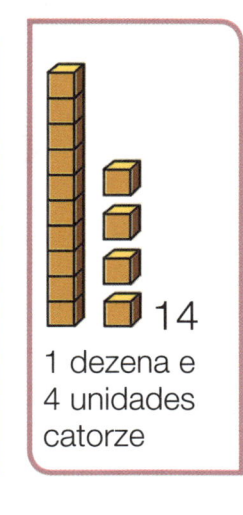

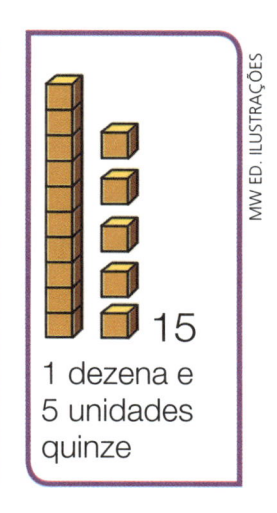

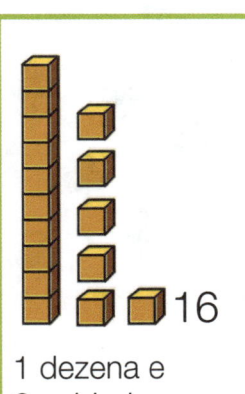

11
1 dezena e
1 unidade
onze

12
1 dezena e
2 unidades
doze

13
1 dezena e
3 unidades
treze

14
1 dezena e
4 unidades
catorze

15
1 dezena e
5 unidades
quinze

16
1 dezena e
6 unidades
dezesseis

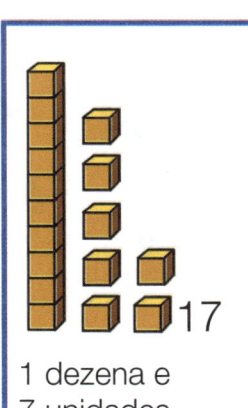

17
1 dezena e
7 unidades
dezessete

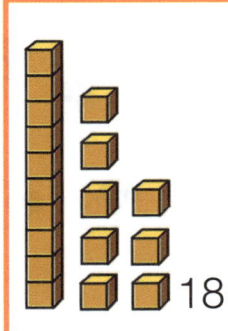

18
1 dezena e
8 unidades
dezoito

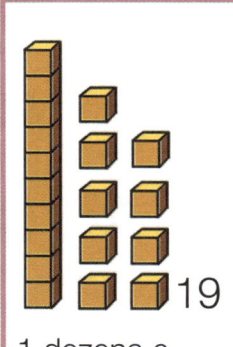

19
1 dezena e
9 unidades
dezenove

ATIVIDADES

1 Em cada grupo, cerque 10 objetos e indique a quantidade de dezenas e de unidades.

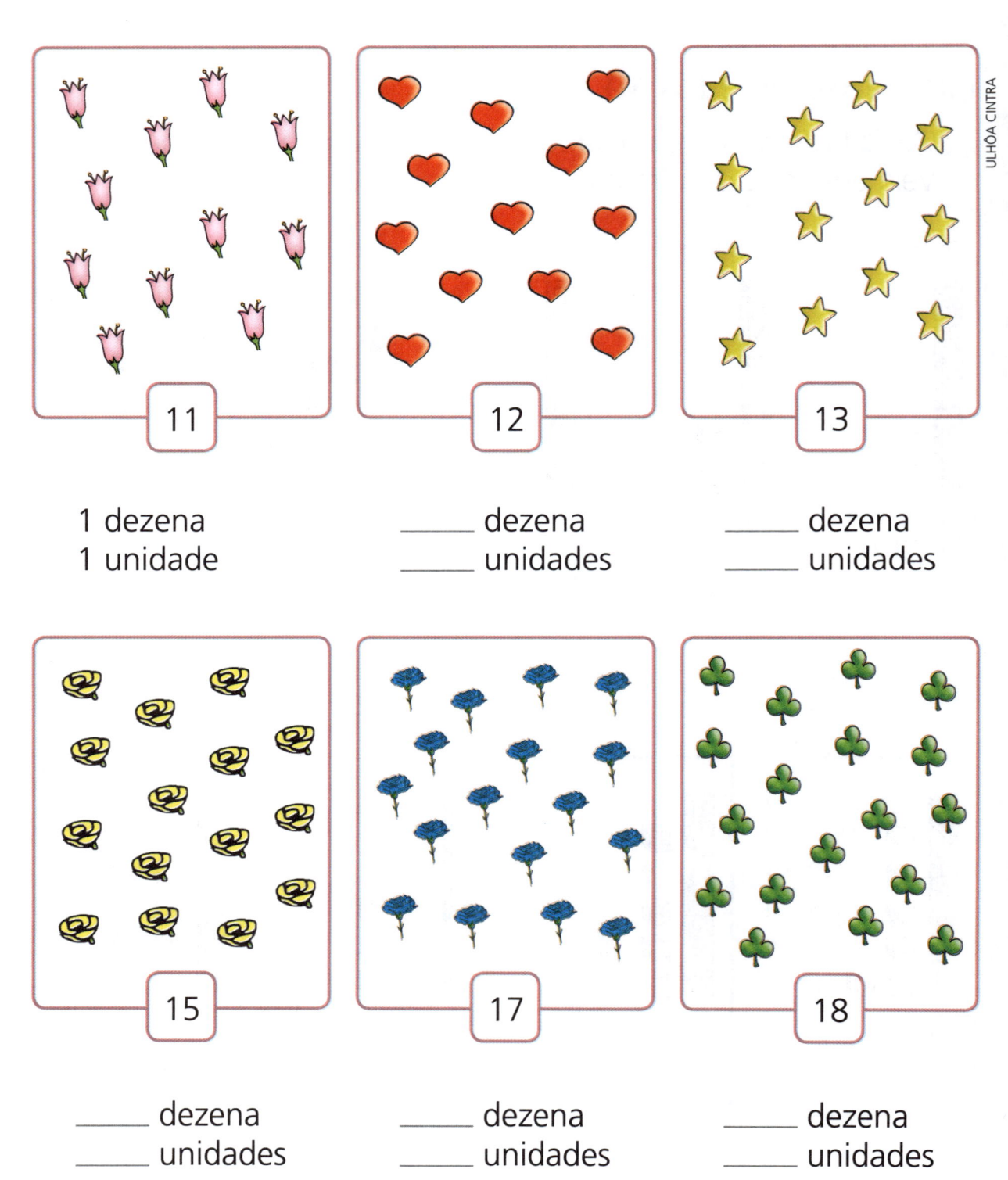

| 11 | 12 | 13 |

1 dezena
1 unidade

____ dezena
____ unidades

____ dezena
____ unidades

| 15 | 17 | 18 |

____ dezena
____ unidades

____ dezena
____ unidades

____ dezena
____ unidades

2 Complete com as dezenas e as unidades. Observe o modelo.

13 = 1 dezena e 3 unidades

15 = _____ dezena e _____ unidades

17 = _____ dezena e _____ unidades

14 = _____ dezena e _____ unidades

3 Escreva quantas unidades há em:

a) 1 dezena ☐

b) 1 dezena e 2 unidades ☐

c) 1 dezena e 9 unidades ☐

d) 1 dezena e 8 unidades ☐

e) 1 dezena e 6 unidades ☐

f) 1 dezena e 1 unidade ☐

4 Escreva os números no quadro. Observe o exemplo.

12

Dezena	Unidade
1	2

10

Dezena	Unidade

18

Dezena	Unidade

15

Dezena	Unidade

19

Dezena	Unidade

11

Dezena	Unidade

5 Complete as sequências.

	11	12			16			

	18	17				12	11	

6 Escreva os números por extenso.

11 _____

12 _____

13 _____

14 _____

15 _____

16 _____

17 _____

18 _____

19 _____

20 _____

DITADO DE NÚMEROS

Escreva os números que o professor ditar.

Números de 20 a 29

Cada barra tem 10 unidades, ou seja, 1 dezena.

Veja em cada quadro o número total de unidades.

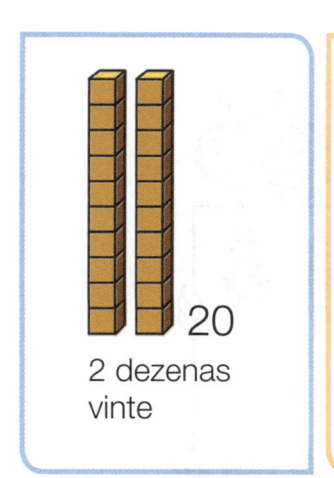

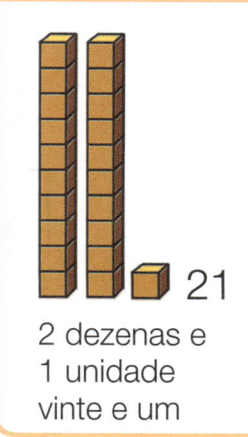

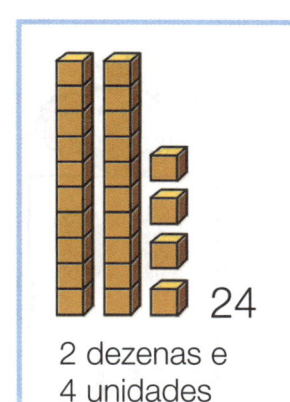

20 — 2 dezenas
vinte

21 — 2 dezenas e
1 unidade
vinte e um

22 — 2 dezenas e
2 unidades
vinte e dois

23 — 2 dezenas e
3 unidades
vinte e três

24 — 2 dezenas e
4 unidades
vinte e quatro

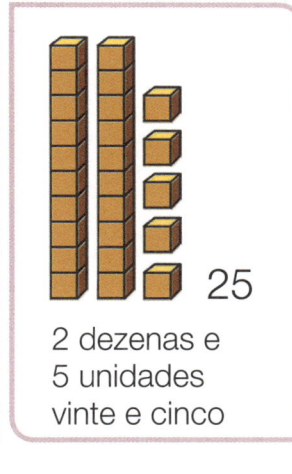

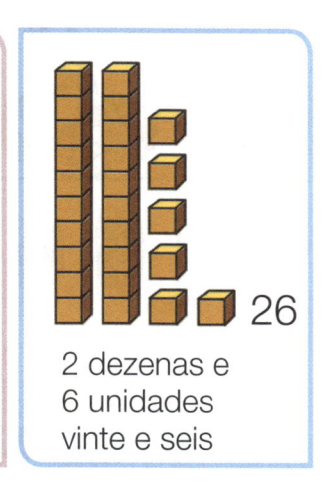

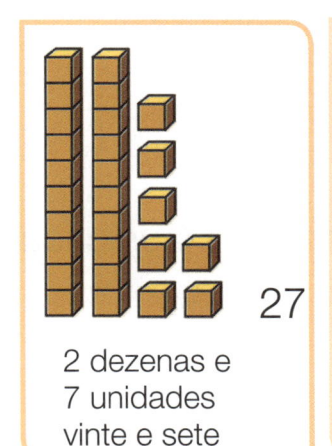

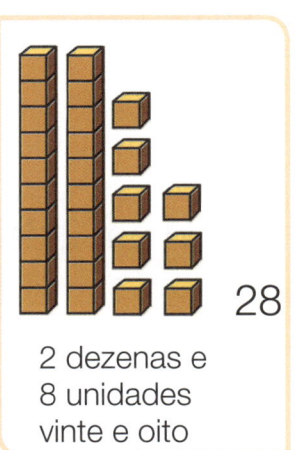

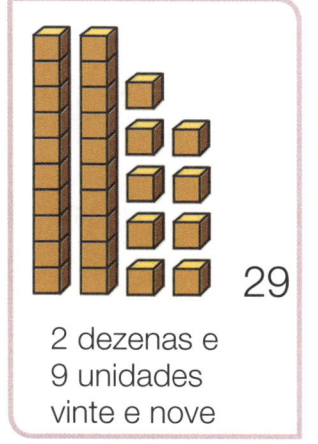

25 — 2 dezenas e
5 unidades
vinte e cinco

26 — 2 dezenas e
6 unidades
vinte e seis

27 — 2 dezenas e
7 unidades
vinte e sete

28 — 2 dezenas e
8 unidades
vinte e oito

29 — 2 dezenas e
9 unidades
vinte e nove

ATIVIDADES

1 Quantos lápis tem cada palhaço? Conte e escreva os números encontrados.

a) Qual é o maior número encontrado? _____

b) E o menor? _____

c) Qual é o número formado por 2 dezenas e 4 unidades? _____

d) Que número está entre 25 e 27? _____

e) Que número vem imediatamente antes do 21? _____

2 Complete com o número seguinte.

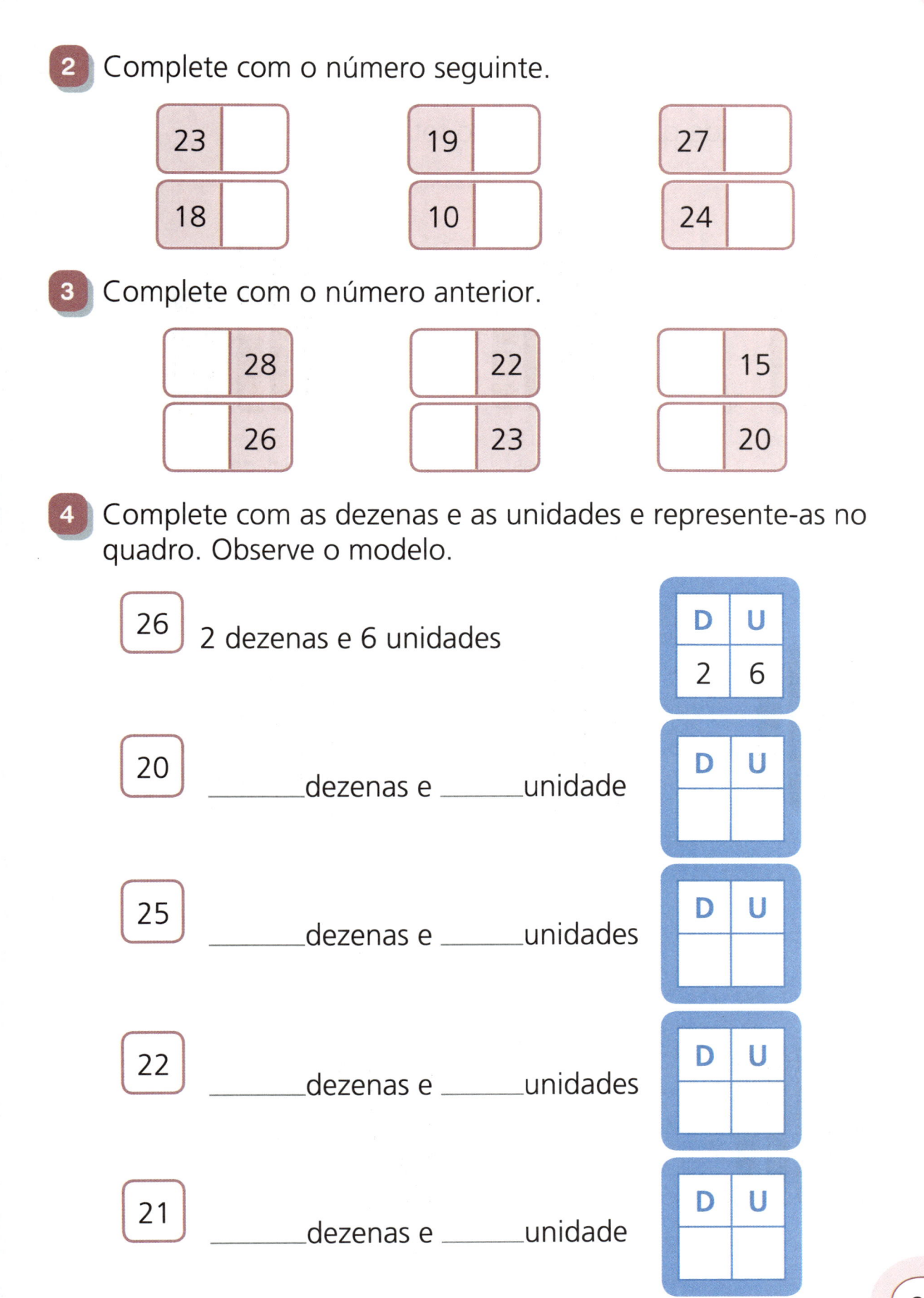

| 23 | | | 19 | | | 27 | |
| 18 | | | 10 | | | 24 | |

3 Complete com o número anterior.

| | 28 | | | 22 | | | 15 |
| | 26 | | | 23 | | | 20 |

4 Complete com as dezenas e as unidades e represente-as no quadro. Observe o modelo.

26 — 2 dezenas e 6 unidades

D	U
2	6

20 — ____ dezenas e ____ unidade

D	U

25 — ____ dezenas e ____ unidades

D	U

22 — ____ dezenas e ____ unidades

D	U

21 — ____ dezenas e ____ unidade

D	U

Números de 30 a 59

Cada barra tem 10 unidades, ou seja, 1 dezena.
Veja em cada quadro o número total de unidades.

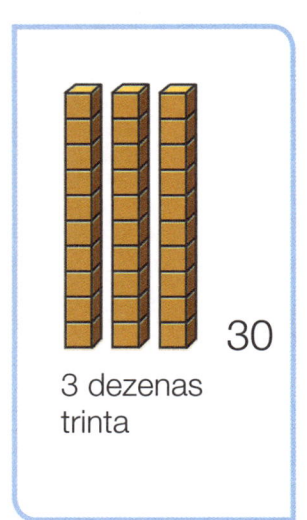

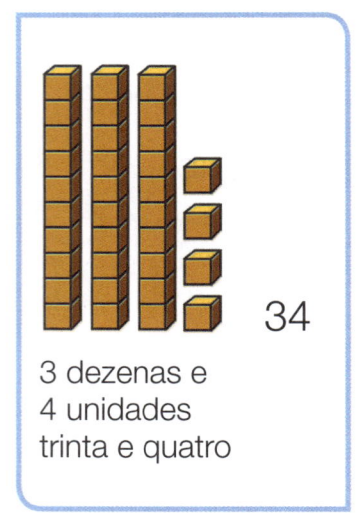

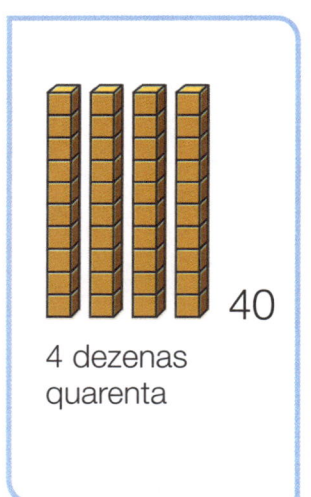

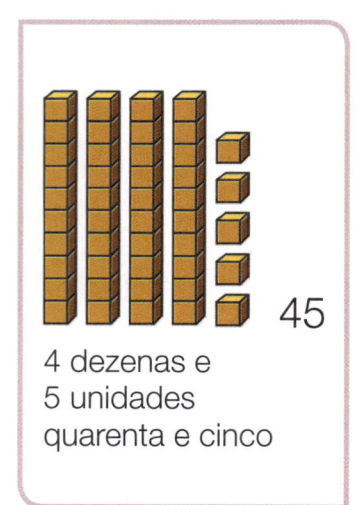

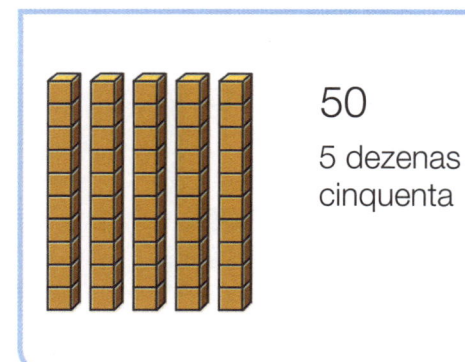

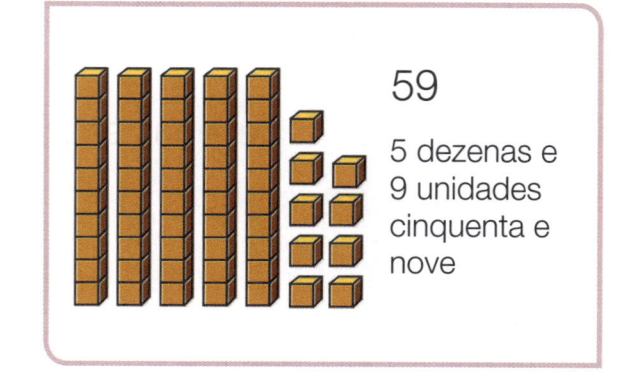

30
3 dezenas
trinta

34
3 dezenas e
4 unidades
trinta e quatro

39
3 dezenas e
9 unidades
trinta e nove

40
4 dezenas
quarenta

45
4 dezenas e
5 unidades
quarenta e cinco

48
4 dezenas e
8 unidades
quarenta e oito

50
5 dezenas
cinquenta

59
5 dezenas e
9 unidades
cinquenta e nove

ATIVIDADES

1 Cada grupo tem 10 lápis. Conte quantos lápis há em cada quadro.

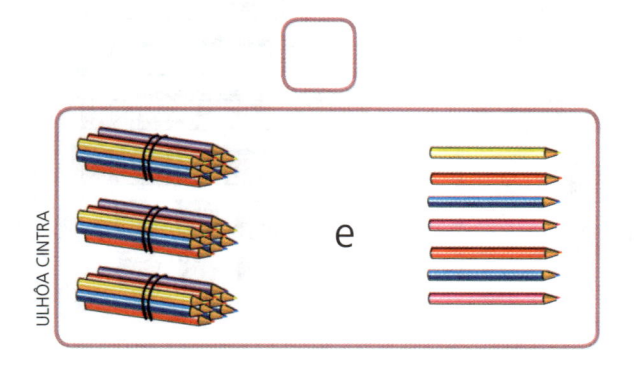

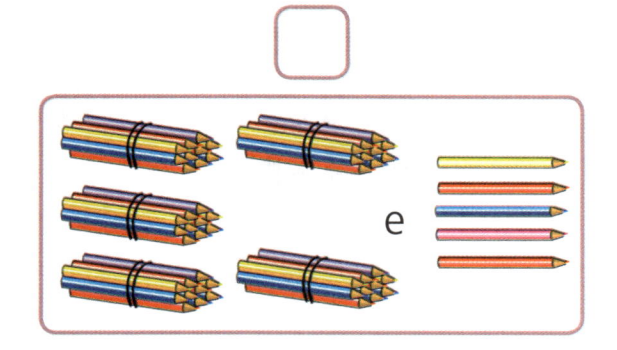

2 Escreva os números correspondentes a:

a) 3 dezenas e 4 unidades _____

b) 4 dezenas e 1 unidade _____

c) 5 dezenas e 6 unidades _____

3 Faça de acordo com o exemplo.

37 → 3 dezenas + 7 unidades

52 → _____

49 → _____

4 Escreva os números por extenso.

32 → _____   37 → _____

45 → _____   59 → _____

5 Escreva os números até 30, contando de 3 em 3.

3	6								30

6 Represente com algarismos os grupos de dezenas e unidades.

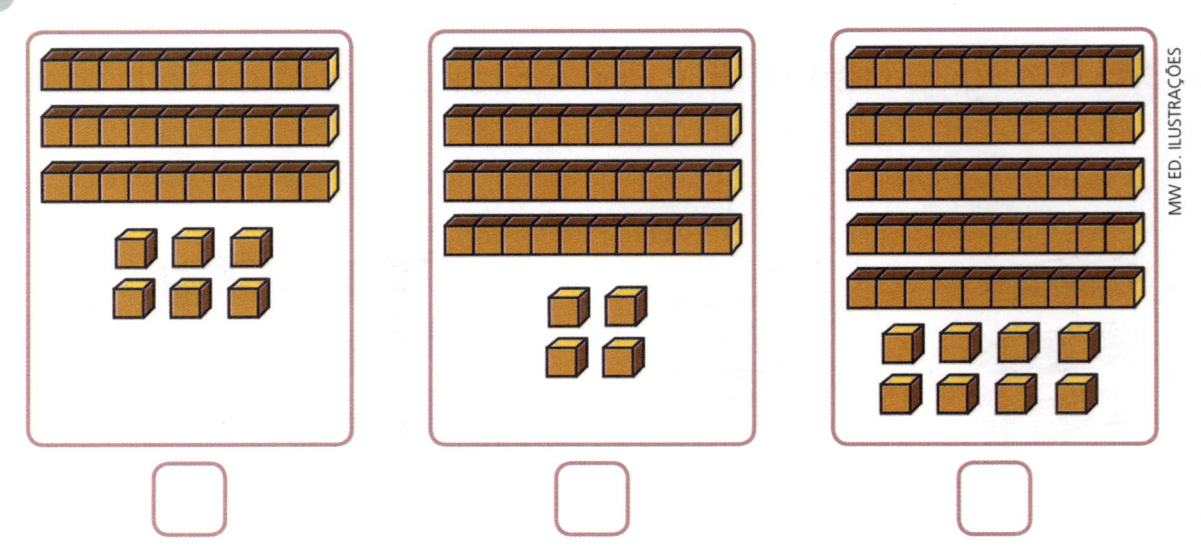

☐   ☐   ☐

7 Escreva o número que completa as sequências.

| 37 | | 39 |

| 45 | | 47 |

| 52 | | 54 |

8 Complete os espaços vazios do quadro numérico.

0	1		3	4		6	7		9
10		12			15		17		
20	21		23		25	26	27		29
		32		34		36		38	
40	41		43	44		46			49
	51				55		57	58	

9 Conte de 5 em 5 e escreva os números até 50.

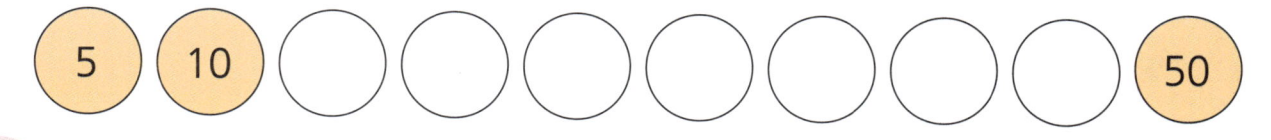

5 10 ○ ○ ○ ○ ○ ○ ○ 50

10 Pinte os círculos que contêm números entre 40 e 55.

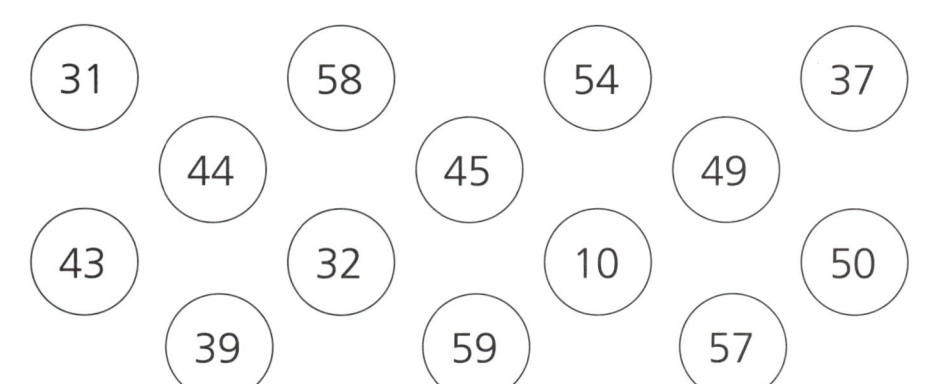

(31)   (58)   (54)   (37)
   (44)   (45)   (49)
(43)   (32)   (10)   (50)
   (39)   (59)   (57)

11 Que número está representado?

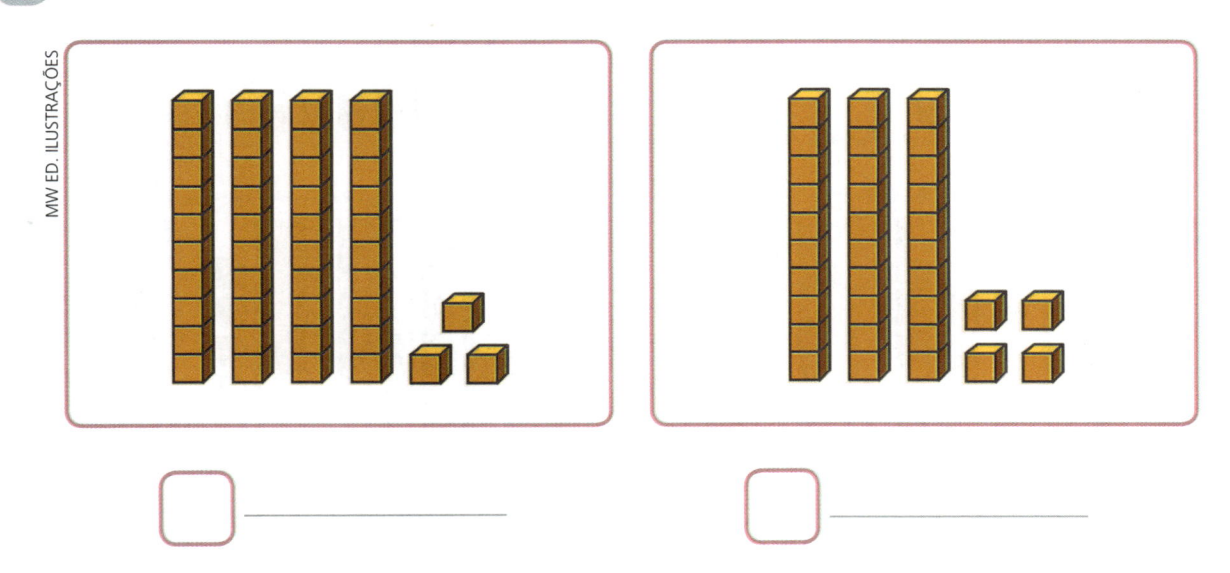

☐ _____   ☐ _____

12 Escreva no quadro os algarismos correspondentes.

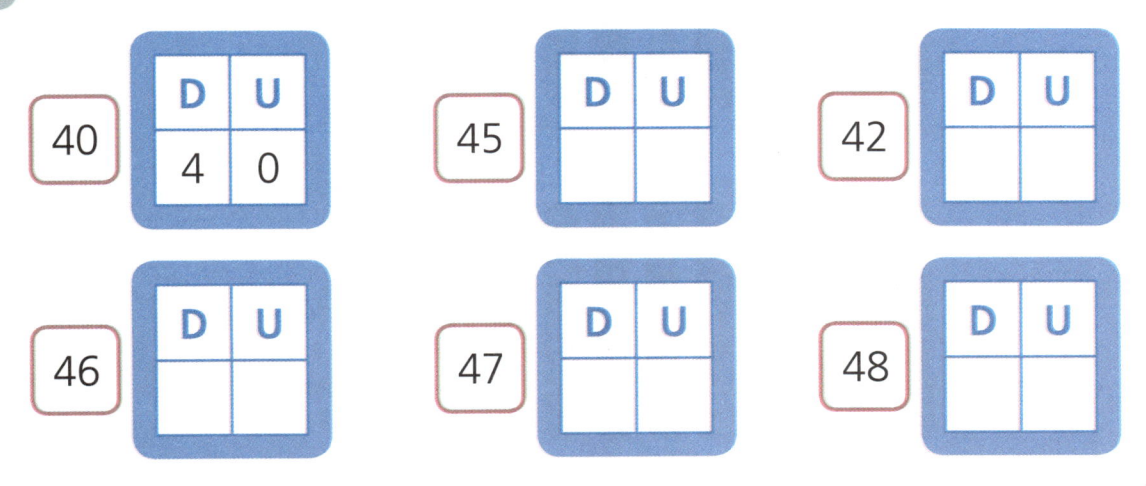

40 — | D | U |
     | 4 | 0 |

45 — | D | U |
     | | |

42 — | D | U |
     | | |

46 — | D | U |
     | | |

47 — | D | U |
     | | |

48 — | D | U |
     | | |

39

Números de 60 a 99

Cada barra tem 10 unidades, ou seja, uma dezena.
Veja em cada quadro o número total de unidades.

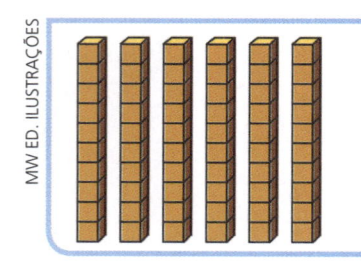

60
6 dezenas
sessenta

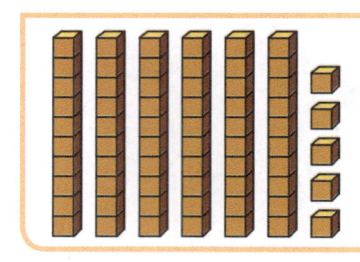

65
6 dezenas e
5 unidades
sessenta e
cinco

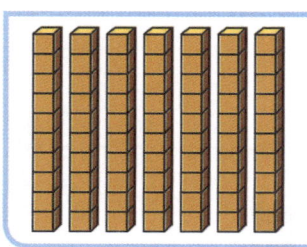

70
7 dezenas
setenta

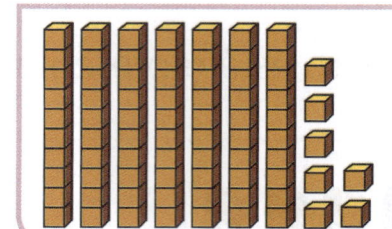

77
7 dezenas e
7 unidades
setenta e
sete

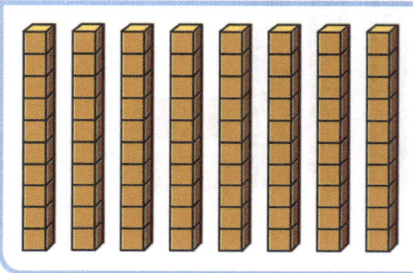

80
8 dezenas
oitenta

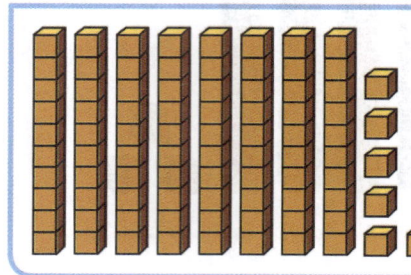

86
8 dezenas e
6 unidades
oitenta e seis

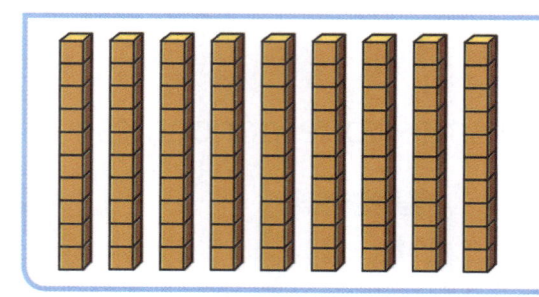

90
9 dezenas
noventa

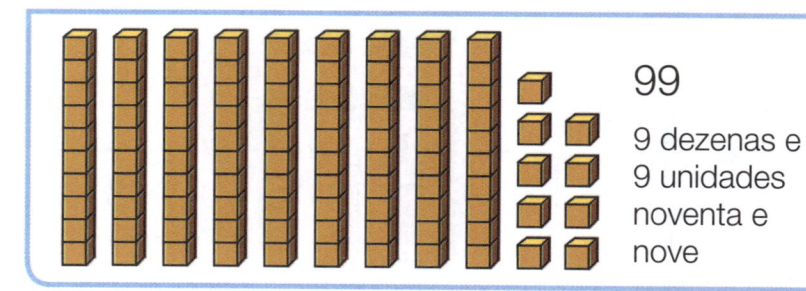

99
9 dezenas e
9 unidades
noventa e
nove

ATIVIDADES

1 Complete com os números vizinhos.

| | 60 | | | 71 | |

| | 93 | | | 88 | |

2 Complete as sequências.

| 69 | 68 | | | 65 | | | 62 | 61 | |

| 71 | 72 | | | 75 | | 77 | | | 80 |

| 91 | 92 | 93 | | | 96 | | 98 | 99 |

3 Observe o exemplo e complete.

63 → 6 dezenas + 3 unidades   60 + 3 = 63

62 → _____ + _____   60 + ___ = ___

74 → _____ + _____   70 + ___ = ___

77 → _____ + _____   70 + ___ = ___

99 → _____ + _____   90 + ___ = ___

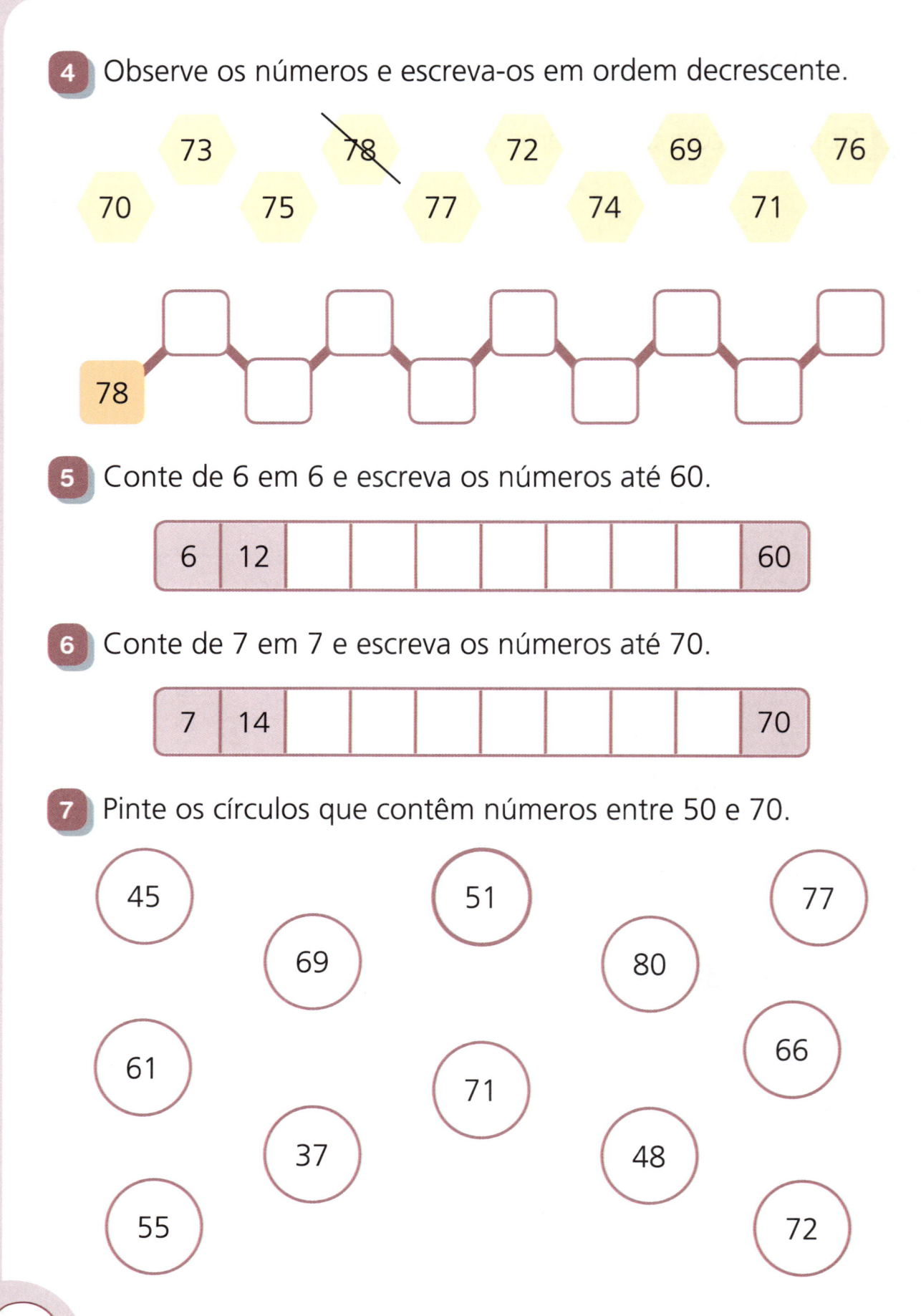

4 Observe os números e escreva-os em ordem decrescente.

73   78   72   69   76
70   75   77   74   71

78

5 Conte de 6 em 6 e escreva os números até 60.

| 6 | 12 | | | | | | | | 60 |

6 Conte de 7 em 7 e escreva os números até 70.

| 7 | 14 | | | | | | | | 70 |

7 Pinte os círculos que contêm números entre 50 e 70.

45   51   77
69   80
61   66
71
37   48
55   72

8 Cada caixa contém 10 lápis. Complete, como no exemplo.

8 dezenas e 3 unidades

83

oitenta e três

____ dezenas e ____ unidades

☐

_____

____ dezenas e ____ unidade

☐

_____

____ dezenas e ____ unidades

☐

_____

43

Dezenas exatas

Você já aprendeu que 10 unidades formam uma dezena. Contando de 10 em 10, temos as dezenas exatas.

D	U
1	0

1 dezena ou 10 unidades
10 dez

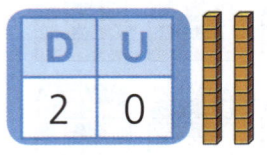

D	U
2	0

2 dezenas ou 20 unidades
20 vinte

D	U
3	0

3 dezenas ou 30 unidades
30 trinta

D	U
4	0

4 dezenas ou 40 unidades
40 quarenta

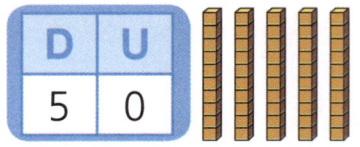

D	U
5	0

5 dezenas ou 50 unidades
50 cinquenta

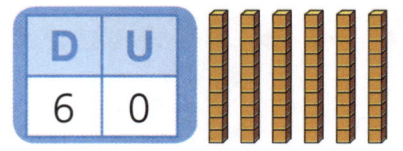

D	U
6	0

6 dezenas ou 60 unidades
60 sessenta

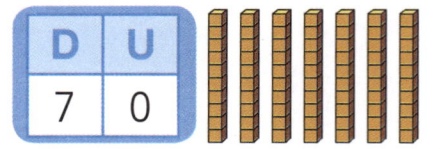

D	U
7	0

7 dezenas ou 70 unidades
70 setenta

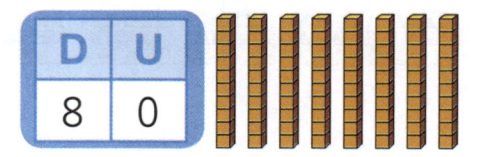

D	U
8	0

8 dezenas ou 80 unidades
80 oitenta

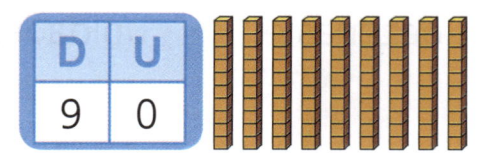

D	U
9	0

9 dezenas ou 90 unidades
90 noventa

ATIVIDADES

1 Complete.

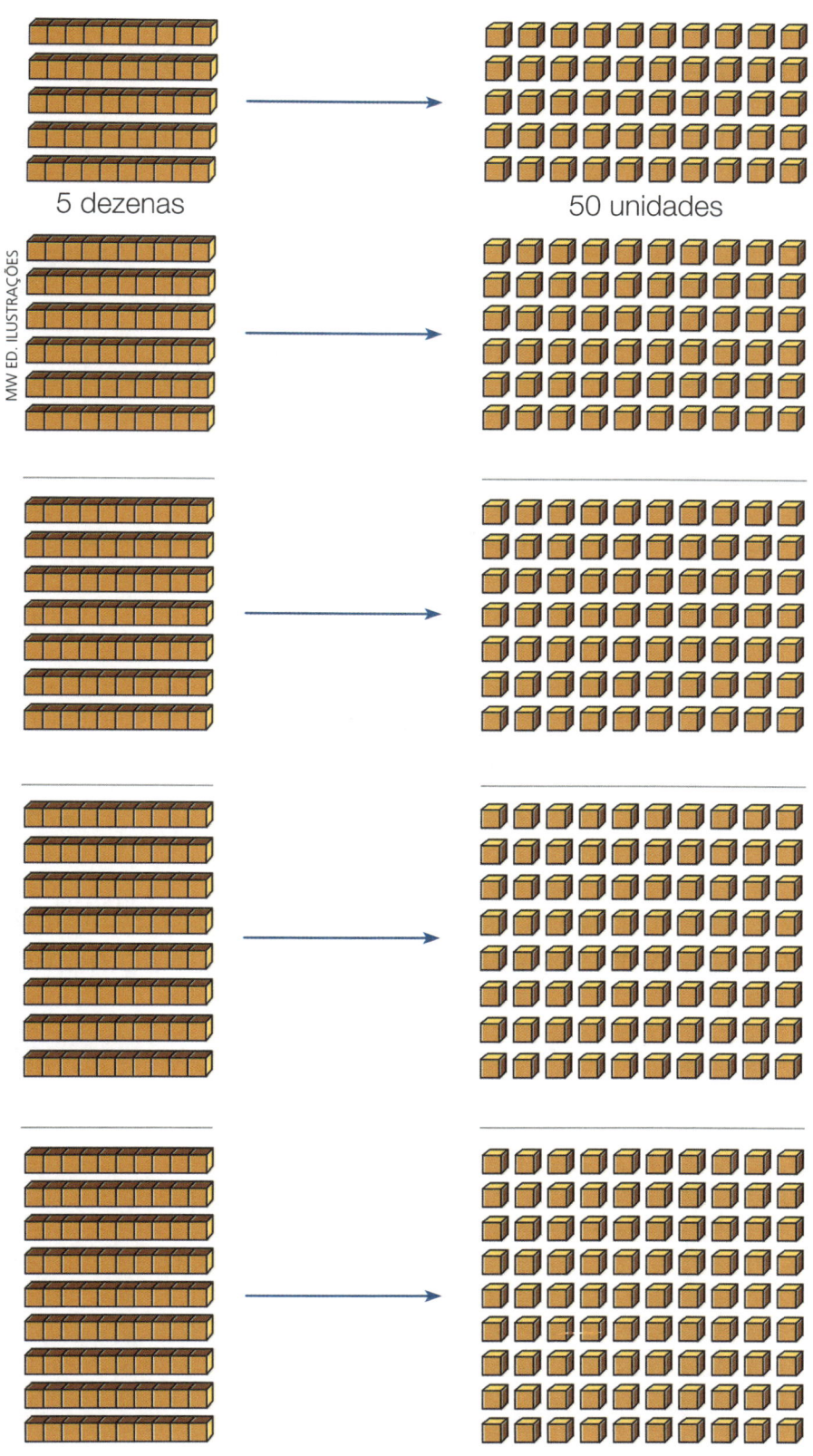

5 dezenas → 50 unidades

2 Efetue mentalmente as operações e registre os resultados.

a) 20 + 20 = ☐

b) 10 + 30 = ☐

c) 40 + 20 = ☐

d) 20 + 30 = ☐

e) 20 + 10 = ☐

f) 30 + 30 = ☐

g) 40 + 40 = ☐

h) 50 + 30 = ☐

i) 70 + 20 = ☐

j) 30 + 60 = ☐

k) 30 + 40 = ☐

l) 20 + 50 = ☐

3 Escreva a dezena exata mais próxima.

36 → 40

47 → ☐

☐ → 83

67 → ☐

88 → ☐

57 → ☐

☐ → 42

28 → ☐

16 → ☐

☐ → 14

☐ → 73

☐ → 31

4 Observe o exemplo e encontre diferentes possibilidades de adição de dezenas exatas para se chegar ao número destacado.

60	30	70	80
30 + 30		30 + 40	
40 + 20		40 + 20 + 10	
20 + 20 + 20		20 + 20 + 20 + 10	

5 Renan e Sandra colecionam selos de animais marinhos. Veja os selos de cada um.

a) Circule os selos de cada criança formando grupos de 10.

b) Quem tem menos selos? _____

c) Quantos a menos? _____

6 Poliana e Mateus trabalham na seção de hortifrúti de um hipermercado. Veja a quantidade de limões que cada um embalou.

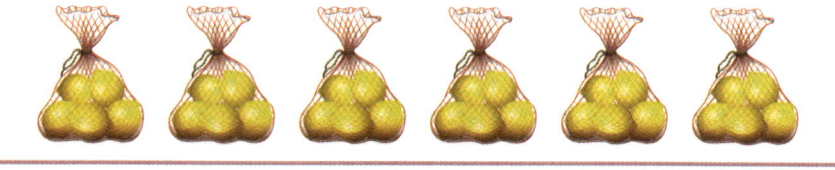

Poliana

Mateus

a) Quem embalou mais limões? _____

b) Quantos limões a mais? _____

47

Estimativas

Joana, Marcos e Paulo foram a uma granja comprar ovos. Cada caixa que eles compraram tem 10 ovos. Veja a quantidade de ovos que cada um comprou.

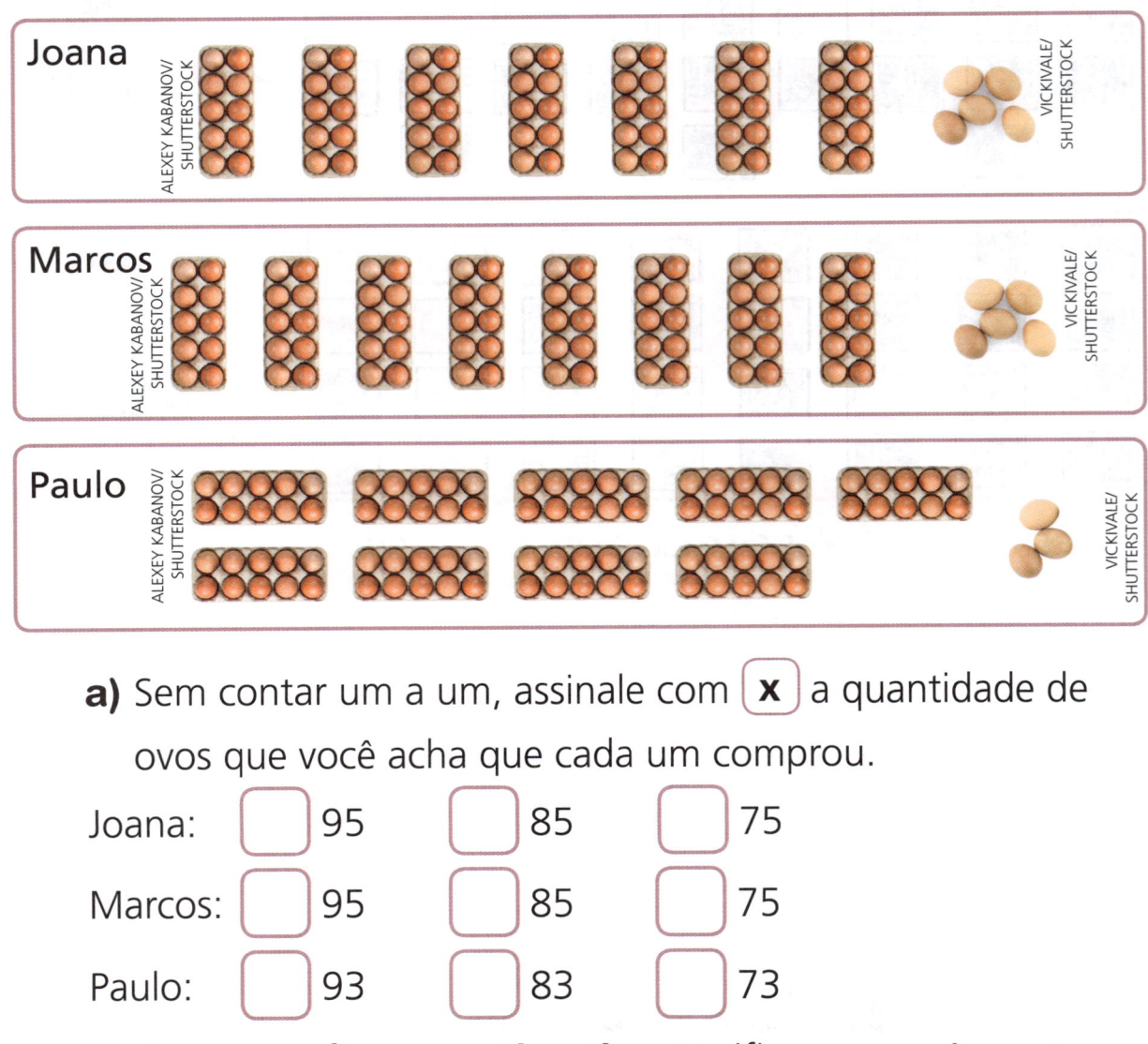

Joana

Marcos

Paulo

a) Sem contar um a um, assinale com ⌧ a quantidade de ovos que você acha que cada um comprou.

Joana: ☐ 95   ☐ 85   ☐ 75

Marcos: ☐ 95   ☐ 85   ☐ 75

Paulo: ☐ 93   ☐ 83   ☐ 73

b) Agora, confira sua **estimativa**. Verifique se você acertou.

Estimativa é um **palpite** sobre a quantidade de elementos de um conjunto que você não chegou a contar um a um. Se você prestou atenção ao modo como os elementos estão organizados e fez outros tipos de contagens mais rápidas, é possível obter um resultado aproximado.

ATIVIDADES

1 Observe como Jaqueline organizou a coleção de tampinhas.

a) Sem contar tampinha por tampinha, responda: quantas tampinhas você acha que Jaqueline tem em sua coleção?

_____

b) Agora, circule as tampinhas em grupos de 10.

c) Quantas tampinhas Jaqueline tem em sua coleção? _____

• Sua primeira resposta chegou próximo desse número?

2 Emanuel compra flores artificiais, confecciona arranjos e vende na saída do metrô. Ele levou para vender estes arranjos:

a) Quantos girassóis você acha que ele usou para fazer todos esses arranjos? _____

b) Agora conte um a um os girassóis. Para cada 10 girassóis faça um traço ao lado: _____

• Você conseguiu representar todos os girassóis com os riscos?

INFORMAÇÃO E ESTATÍSTICA

1 Antônio tem duas bancas de frutas e vai analisar as vendas de algumas frutas, feitas em um dia. Veja como ele organizou os dados em gráficos.

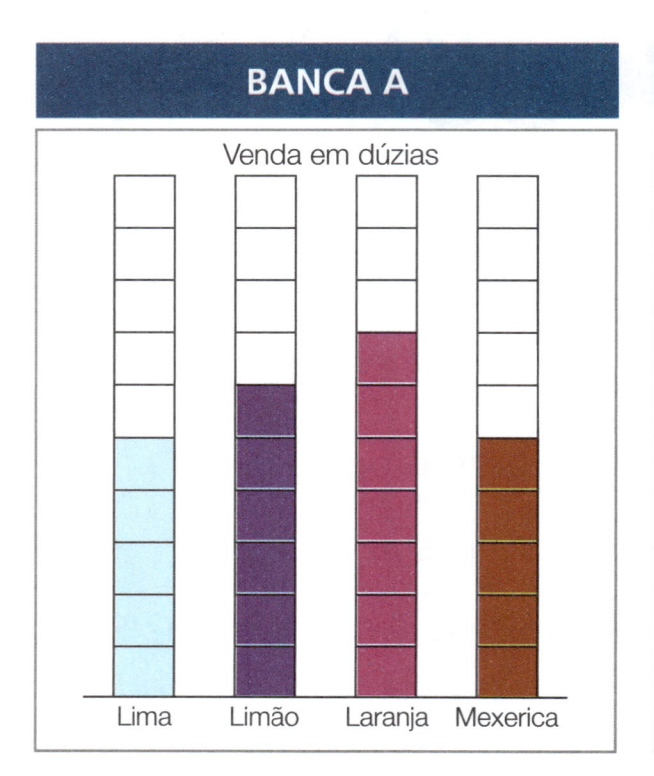

BANCA A
Venda em dúzias

| Lima | Limão | Laranja | Mexerica |

BANCA B
Venda em dúzias

| Lima | Limão | Laranja | Mexerica |

Sem contar um a um os quadrinhos, faça uma estimativa e responda:

a) Quantas dúzias de mexericas ele vendeu nas duas bancas? ___

b) Quantas dúzias de limões ele vendeu nas duas bancas? ___

c) Quantas dúzias de frutas a banca A vendeu no total? ___

d) Quantas dúzias de frutas a banca B vendeu no total? ___

• Agora, verifique suas estimativas. Você chegou perto de cada valor?

e) Qual banca vendeu mais? Quanto a mais?

2 Observe o folheto ao lado. Nele estão registradas as quantidades de roupas que há no estoque da loja Bem-vestido.

SAIA FLORIDA – 50
CALÇA JEANS – 70
CAMISA SOCIAL – 20
VESTIDO LONGO – 40
REGATA ESTAMPADA – 60

Complete o gráfico abaixo, dos produtos do estoque da loja. Neste gráfico, cada quadrinho representa 10 unidades de cada produto.

ESTOQUE DA LOJA BEM-VESTIDO

	Saia florida	Calça *jeans*	Camisa social	Vestido longo	Regata estampada
80					
70					
60					
50					
40					
30					
20					
10					

Agora, responda:

a) Qual é o produto com a maior quantidade no estoque?

_____

b) Qual é o produto com a menor quantidade no estoque?

_____

LIÇÃO 4 — ADIÇÃO

Ideia de juntar

Ângelo lavou as roupas, colocou as brancas em um varal e as coloridas em outro.

Podemos representar a quantidade de roupas utilizando um risquinho para cada roupa pendurada nos dois varais.

Roupas brancas ▢   Roupas coloridas ◩ → Total de roupas ▢◩

> Essa situação nos leva à ideia de **juntar** quantidades. A operação realizada foi a **adição**.

Dizemos que:

4 + 5 = 9

Podemos representar a adição das seguintes maneiras:

- **horizontal**

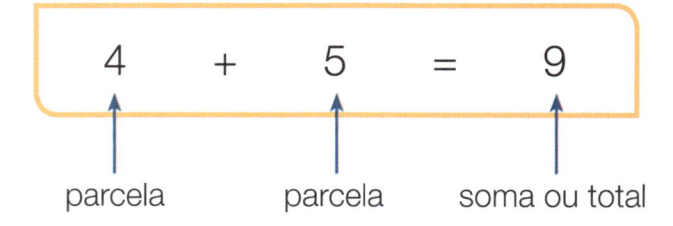

  4 + 5 = 9

  parcela   parcela   soma ou total

- **vertical**

  4 → parcela
  + 5 → parcela
  ─────
  9 → soma ou total

O sinal da adição é + (lê-se: **mais**).

Ideia de acrescentar

Na festa da escola havia 5 crianças na pista de dança.

Passado um tempo, a música ficou mais animada e chegaram mais 3 crianças.

Nesta situação, havia _____ crianças dançando.

Chegaram mais _____ crianças.

Ficaram _____ crianças na pista de dança.

> Essa situação nos leva à ideia de **acrescentar** uma quantidade à outra. A operação realizada foi a **adição**.

Dizemos que:

5 + 3 = 8   ou
$$\begin{array}{r} 5 \\ +\ 3 \\ \hline 8 \end{array}$$

Adição sem reagrupamento (com um algarismo)

Paulo e Rodrigo estavam jogando tênis de mesa. A tabela mostra os pontos marcados por eles em cada partida.

Quem fez mais pontos? Escreva o nome na tabela.

Partidas	Paulo	Rodrigo	Vencedor da partida
1			
2			
3			
4			

a) Quantas partidas Paulo venceu? _____

b) Quantas partidas Rodrigo venceu? _____

c) Quem venceu o jogo? _____

d) Ao todo, quantas partidas foram jogadas? _____

ATIVIDADES

1 Complete para obter os totais.

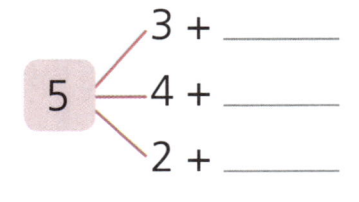

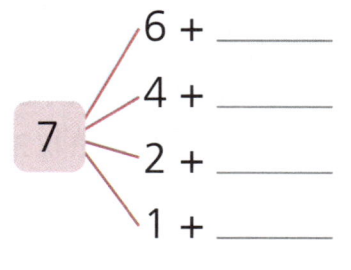

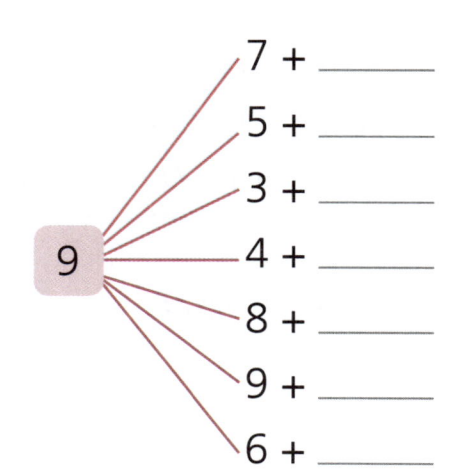

5
- 3 + ____
- 4 + ____
- 2 + ____

7
- 6 + ____
- 4 + ____
- 2 + ____
- 1 + ____

9
- 7 + ____
- 5 + ____
- 3 + ____
- 4 + ____
- 8 + ____
- 9 + ____
- 6 + ____

DESAFIO

- Efetue as adições. Depois, troque os resultados pela letra correspondente no quadro e forme uma palavra para escrever na cena.

8 = A   6 = B   3 = N   7 = R   5 = É   4 = D   9 = P   10 = S

| 6 + 3 | 7 + 1 | 5 + 2 | 2 + 6 | 4 + 2 | 2 + 3 | 0 + 3 | 7 + 3 |

Em cada linha horizontal, contorne os números que somam 9 e escreva a adição correspondente.

2	1	7	3	
5	0	3	4	
3	8	1	4	
6	3	5	2	
1	9	0	4	

Adição sem reagrupamento (com dois algarismos)

Veja duas coleções de brinquedos antigos de uma exposição que está acontecendo na escola de Rodrigo.

IMAGINÁRIO ESTUDIO

Eu gostei de brincar com a peteca e com o pião.

Na ilustração, há _____ petecas e _____ piões.

No total há _____ brinquedos.

Representamos essa adição assim:

_____ + _____ = _____   ou   ☐
                                              + ☐
                                              ―――
                                                ☐

ATIVIDADES

1 Calcule.

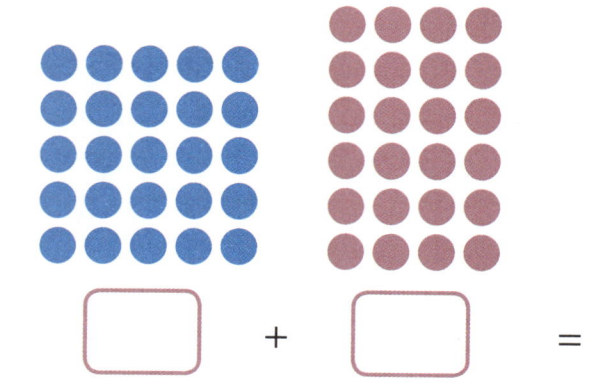

☐ + ☐ = ☐

2 Calcule quantos reais Camila e Gabriel têm juntos.

Dinheiro de Camila

Dinheiro de Gabriel

_____ + _____ = _____

Juntos, eles têm _____ reais.

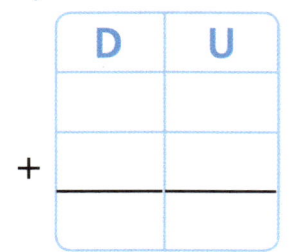

3 Arme e efetue no quadro. Siga o exemplo.

a) 55 + 32 = __87__

	D	U
	5	5
+	3	2
	8	7

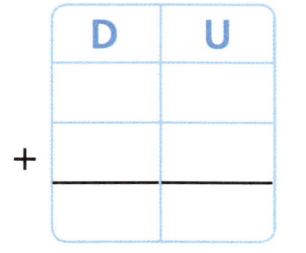

b) 13 + 24 = _____

D	U

c) 62 + 12 = _____

d) 30 + 15 = _____

e) 43 + 12 = _____

f) 73 + 25 = _____

4 Arme e efetue as adições.

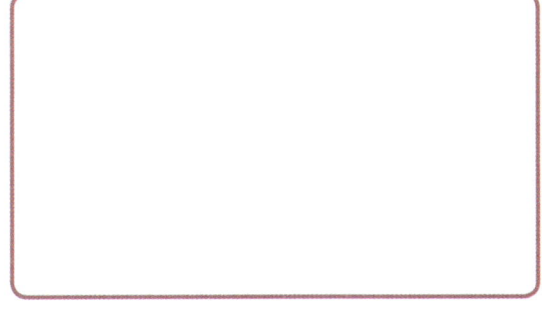

a) 46 + 32 = _____

b) 24 + 32 + 2 = _____

c) 42 + 54 = _____

d) 23 + 11 + 32 = _____

e) 27 + 30 = _____

f) 50 + 32 + 16 = _____

g) 24 + 13 = _____

h) 23 + 40 + 22 = _____

5 Encontre o valor do quadradinho.

52 + ☐ = 89   86 + ☐ = 98

☐ + 45 = 95   ☐ + 26 = 77

25 + ☐ = 68   31 + ☐ = 55

72 + ☐ = 87   43 + ☐ = 86

6 Como posso obter 99?

85 + _____ = 99   30 + _____ = 99

63 + _____ = 99   77 + _____ = 99

45 + _____ = 99   56 + _____ = 99

24 + _____ = 99   82 + _____ = 99

7 Calcule mentalmente.

40 + 7 = _____   90 + 9 = _____

50 + 6 = _____   30 + 8 = _____

70 + 3 = _____   60 + 4 = _____

20 + 5 = _____   80 + 8 = _____

8 Cada risco vale um ponto. Quantos pontos estão indicados em cada linha?

◻ _____

◻┌ _____

◻◻┌ _____

◻◻◻◻◻ _____

◻◻◻◻◻◻ _____

9 Paulo e Rodrigo estavam jogando tênis de mesa. Quem fez mais ponto em cada partida? Marque com um (x) na tabela.

Paulo	Rodrigo
◻	◻
┌	◻
◻	│
◻	┌┐
│	┌┐

Agora, responda.

a) Quantas partidas Paulo venceu? _____

b) Quantas partidas Rodrigo venceu? _____

c) Quem venceu o jogo? _____

d) Ao todo, quantas partidas foram jogadas? _____

EU GOSTO DE APRENDER MAIS

Leia a situação abaixo.

> Em uma das estantes da biblioteca, há 25 livros de Geometria e 23 de Ciências.

Vamos acrescentar a essa situação uma pergunta.

1) Apenas uma das perguntas a seguir torna essa situação um problema de Matemática. Qual é essa pergunta? Assinale-a com um x . Depois, troque ideias com os colegas para saber qual pergunta eles assinalaram.

a) ☐ Quantos livros de Geometria há na estante?

b) ☐ Qual é a cor da estante?

c) ☐ Quantos livros há ao todo na estante?

2) Converse com os colegas por que as outras duas perguntas não tornam a situação um problema matemático.

3) Transcreva o texto do problema, agora completo.

_____
_____
_____
_____
_____

4) Agora resolva o problema no caderno.

LIÇÃO 5 — SUBTRAÇÃO

Ideia de retirar

Na festa da fruta da escola, Igor servia 7 maçãs em uma bandeja. Chegaram 3 crianças e retiraram, cada uma, 1 fruta.

Quantas maçãs restaram na bandeja?

Havia _____ maçãs na bandeja. Foram retiradas _____ maçãs.

Restaram na bandeja _____ maçãs.

> Essa situação nos leva à ideia de **retirar**.
> A operação realizada foi a **subtração**.

Dizemos que: **7 – 3 = 4**

Podemos representar a subtração das seguintes maneiras:

- **horizontal**

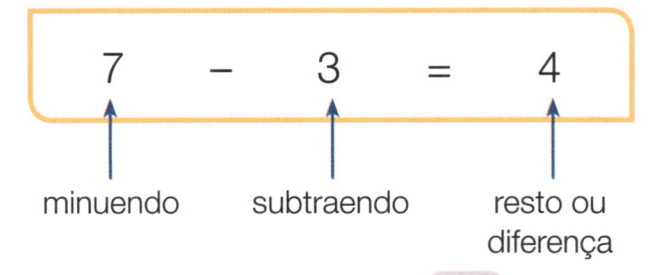

  7 – 3 = 4

  7 → minuendo
  3 → subtraendo
  4 → resto ou diferença

- **vertical**

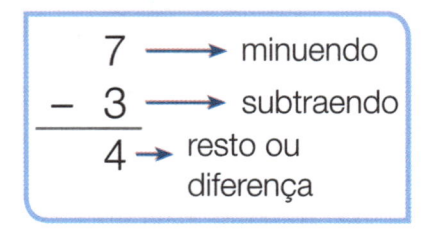

  7 → minuendo
  – 3 → subtraendo
  4 → resto ou diferença

O sinal de subtração é – (lê-se: **menos**).

ATIVIDADES

1 Observe o exemplo e efetue as subtrações.

4 − 2 = 2

$$\begin{array}{r} 4 \\ -\ 2 \\ \hline 2 \end{array}$$

6 − 1 = ☐

$$\begin{array}{r} 6 \\ -\ 1 \\ \hline \ \end{array}$$

5 − 3 = ☐

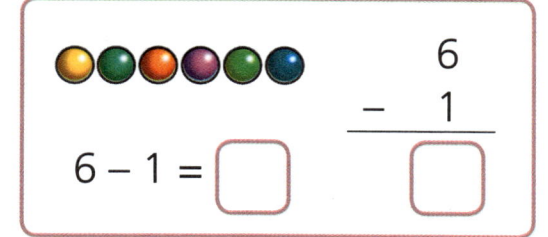

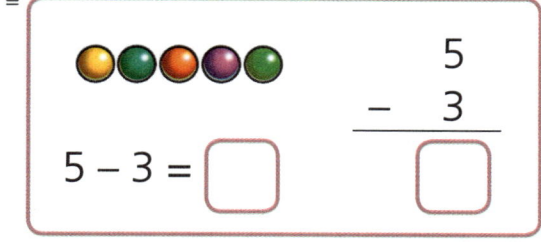

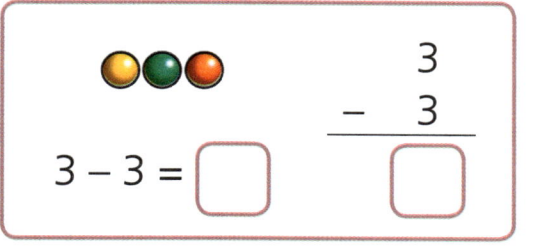

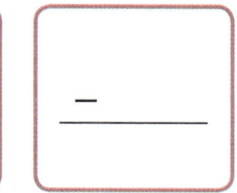

$$\begin{array}{r} 5 \\ -\ 3 \\ \hline \ \end{array}$$

3 − 3 = ☐

$$\begin{array}{r} 3 \\ -\ 3 \\ \hline \ \end{array}$$

2 Resolva as subtrações.

a) 6 − 4

b) 7 − 2

c) 8 − 8

d) 8 − 5

3 Arme as contas e efetue as subtrações. Observe os modelos.

8 − 6 = ☐   5 − 3 = ☐   7 − 6 = ☐   5 − 1 = ☐   9 − 5 = ☐

8 − 6

5 − 3

4 − 2 = ☐   3 − 1 = ☐   8 − 8 = ☐   7 − 4 = ☐   5 − 4 = ☐

ILUSTRAÇÕES: MW ED. ILUSTRAÇÕES

PROBLEMAS

1 Havia 6 cachorrinhos na cesta, mas 2 foram adotados por uma pessoa. Quantos cachorrinhos ficaram?

_____ – _____ = _____ ou _____ – _____

Resposta: Ficaram _____ cachorrinhos.

2 Vovó ganhou um buquê com 8 rosas. Murcharam 3 rosas, que foram retiradas. Quantas rosas ainda restam no buquê?

_____ – _____ = _____ _____ – _____

Resposta: Ainda restam _____ rosas.

3 Em um ninho, havia 5 passarinhos. Voaram 2 passarinhos. Quantos passarinhos ficaram nesse ninho?

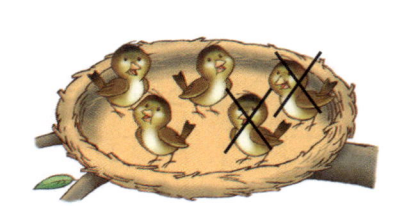

_____ – _____ = _____ _____ – _____

Resposta: Ficaram _____ passarinhos nesse ninho.

Ideia de comparar

Veja outra situação de subtração.

Observe as bonecas e complete.

a) Quantas bonecas Ana tem? _____

b) Quantas bonecas Bia tem? _____

c) Qual das duas amigas tem mais bonecas? _____

d) Qual é a diferença entre a quantidade de bonecas das duas coleções? _____

e) Escreva a operação que você efetuou para responder ao item **d**. _____ – _____ = _____ ou $\dfrac{-}{}$

> Essa situação nos leva à ideia de **comparar**.
> A operação realizada foi a **subtração**.

ATIVIDADES

1 Observe a quantidade de bolinhas de gude de Felipe e de André.

Felipe   André

Felipe tem quantas bolinhas de gude? _____

André tem quantas bolinhas de gude? _____

Quem tem mais bolinhas de gude? _____

Quantas bolinhas de gude a mais? _____

2 Observe a quantidade de petecas em cada caixa:

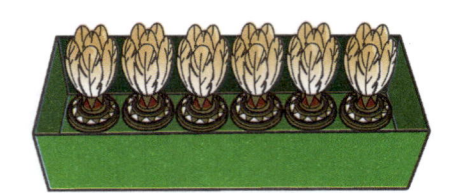

A caixa verde tem _____ petecas.

A caixa laranja tem _____ petecas.

A caixa laranja tem _____ petecas a menos que a caixa verde.

Para descobrir a diferença de petecas entre as caixas, podemos fazer a subtração:

_____ – _____ = _____   ou   _____ – _____

Ideia de completar

Veja outra situação de subtração.

Raul adora colecionar álbuns de figurinhas. Este ano ele está montando um álbum com jogadores de futebol de diversos times. Em uma das páginas, precisa colar 6 figurinhas, mas colou só 4. Quantas figurinhas faltam para Raul completar essa página do álbum?

Desenhe as figurinhas que estão faltando.

Para descobrir a quantidade de figurinhas de que Raul precisa para completar a página, podemos realizar a operação:

$$6 - 4 = 2$$ ou $$\begin{array}{r} 6 \\ -4 \\ \hline 2 \end{array}$$

Então, Raul precisa de _____ figurinhas para completar a página do álbum.

> Essa situação nos leva à ideia de **completar**.
> A operação realizada foi novamente a **subtração**.

ATIVIDADES

1 Complete as subtrações.

6 − □ = 4   □ − 1 = 1   □ − 6 = 3

4 − □ = 2   5 − □ = 4   3 − 2 = □

7 − □ = 3   9 − □ = 7   9 − 5 = □

2 Complete conforme o modelo.

2 para 3 falta 1   8 para 9 falta □

6 para 6 falta □   3 para 7 faltam □

2 para 5 faltam □   5 para 7 faltam □

3 Duda tem 2 bonecas.

- Quantas faltam para ela completar 7 bonecas?

- Desenhe as bonecas que faltam.

PROBLEMAS

1 Gabriela tem 5 canetas. Luísa tem 2 canetas a menos que Gabriela. Quantas canetas Luísa tem?

Resposta: _____

2 A sorveteria do bairro lançou uma promoção: "Junte 5 palitos de sorvete e ganhe um brinde!". Rafael tem 3 palitos de sorvete. Quantos palitos faltam para Rafael ganhar o brinde?

Resposta: _____

3 Na sala do 2º ano há 8 meninos. Na sala do 1º ano há 9 meninos. Na sala do 1º ano há quantos meninos a mais que na sala do 2º ano?

Resposta: _____

4 Os dois potes da loja de José precisam ter 10 biscoitos cada um. O primeiro pote tem 9 biscoitos. O segundo pote tem 6 biscoitos. Quantos biscoitos José precisa colocar em cada pote para completá-los?

Resposta: _____

Subtração sem reagrupamento (com dois algarismos)

Um vendedor de sucos levou para a porta de uma escola 26 garrafas de suco de laranja. Veja quantas garrafas ele vendeu na saída das aulas.

Vou vender as garrafas que sobraram em outra escola.

A ilustração mostra que havia _____ garrafas de suco e foram vendidas _____ garrafas.

Restaram _____ garrafas sem vender na saída das aulas. Representamos essa subtração assim:

_____ – _____ = _____   ou

☐
– ☐
___
☐

ATIVIDADES

1 Calcule.

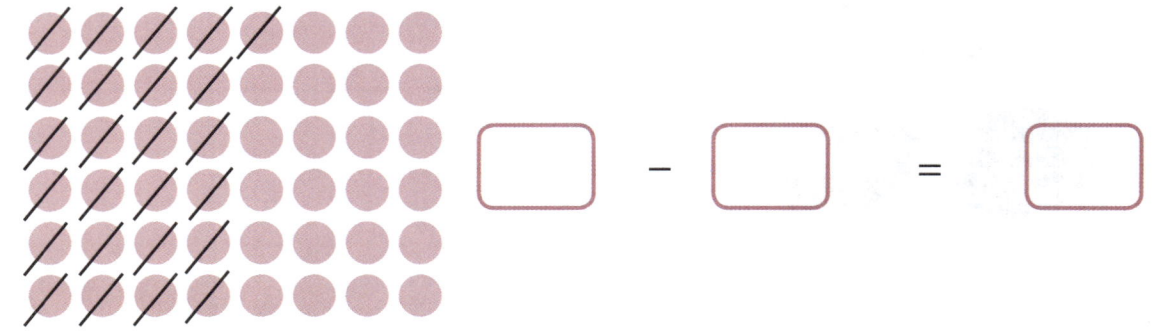

☐ – ☐ = ☐

2 Resolva as subtrações no quadro.

a) 83 – 61 = _____

D	U
−	

c) 79 – 56 = _____

D	U
−	

b) 96 – 12 = _____

D	U
−	

d) 72 – 51 = _____

D	U
−	

3 Calcule mentalmente, depois complete.

a) 4 para 12 faltam _____
b) 5 para 10 faltam _____
c) 3 para 9 faltam _____
d) 1 para 7 faltam _____

e) 13 para 18 faltam _____
f) 11 para 13 faltam _____
g) 12 para 18 faltam _____
h) 13 para 26 faltam _____

4 Calcule quantos reais sobraram para Sandra depois do que ela gastou.

Sandra tinha:

Ela gastou:

Ela ficou com:

?

_____ − _____ = _____

Sobraram para Sandra _____ reais.

71

5 Arme e efetue as subtrações.

a) 25 − 4

b) 99 − 49

c) 97 − 35

d) 85 − 41

e) 47 − 20

f) 78 − 32

g) 74 − 52

h) 57 − 36

EU GOSTO DE APRENDER MAIS

Leia a situação abaixo.

> Na biblioteca da escola, havia 37 livros de Geografia. Foram emprestados 14 livros dessa disciplina.

Para que essa situação seja um problema matemático, precisamos elaborar uma pergunta.

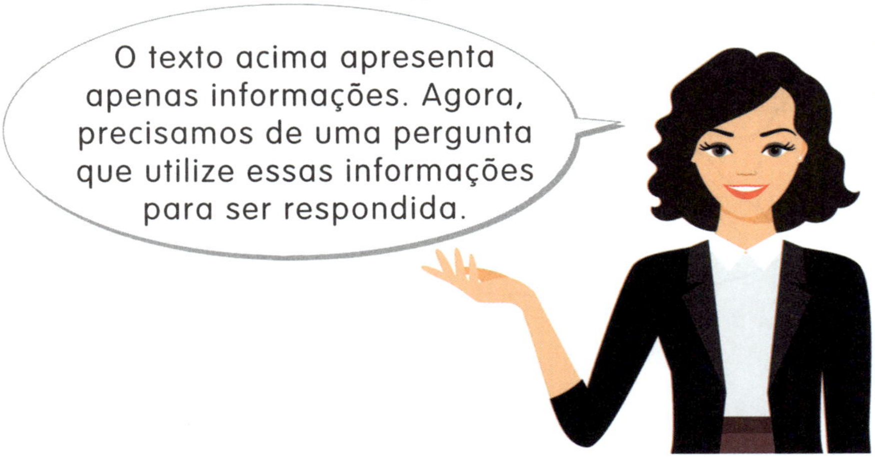

> O texto acima apresenta apenas informações. Agora, precisamos de uma pergunta que utilize essas informações para ser respondida.

A professora Arlete pediu a três alunos que escrevessem uma pergunta que, para ser respondida, precisasse utilizar uma operação de subtração. Veja a pergunta que cada um criou:

> Quantos livros de Geografia foram emprestados?

Clara

> Quantos livros de Matemática a biblioteca tem agora?

Alice

> Quantos livros de Geografia ainda há na biblioteca?

Davi

- Qual pergunta leva a um problema com ideia de subtração?
- Resolva esse problema.

LIÇÃO 6

GEOMETRIA: LINHAS RETAS E LINHAS CURVAS

Leve o pintinho até o ninho.
Trace o caminho correto com lápis colorido.

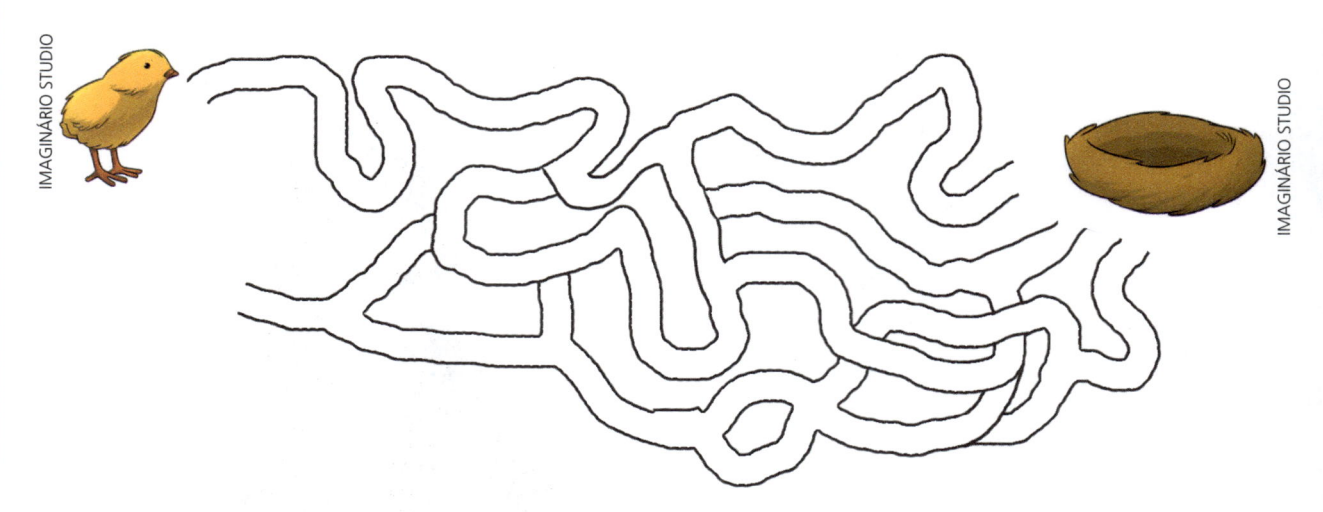

Cubra os caminhos tracejados.

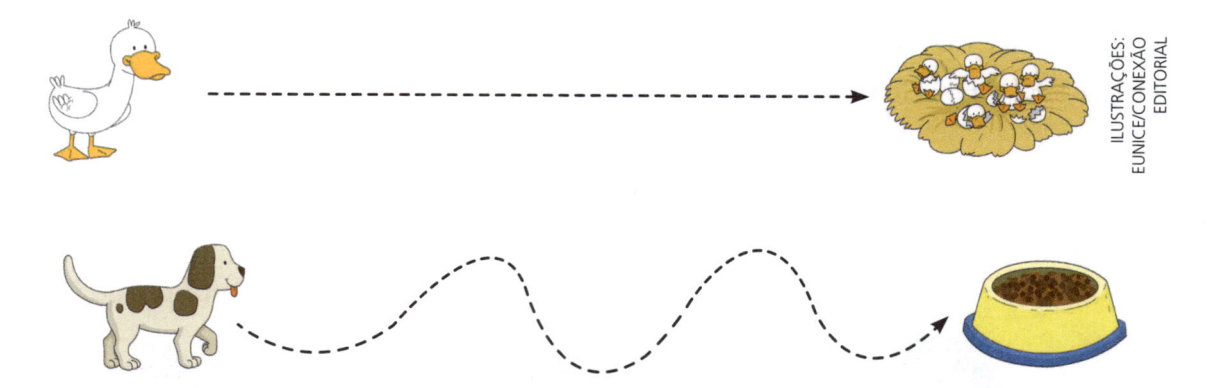

- Qual é a diferença entre esses caminhos?

Para traçar esses caminhos, você usou **linhas curvas** e **linhas retas**.

ATIVIDADES

1 Cubra com o lápis.

- Leve o gatinho até o novelo.

- Siga o salto do sapo.

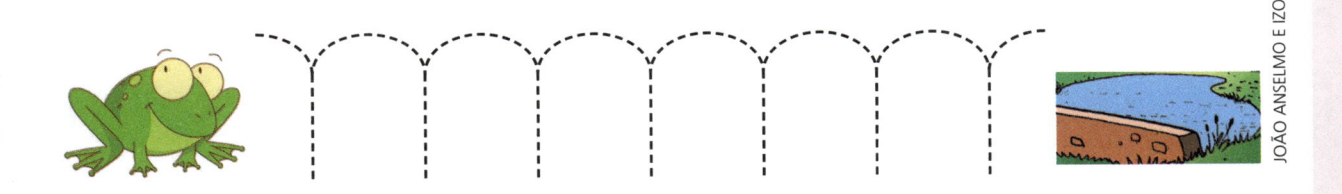

- Acompanhe o voo da borboleta.

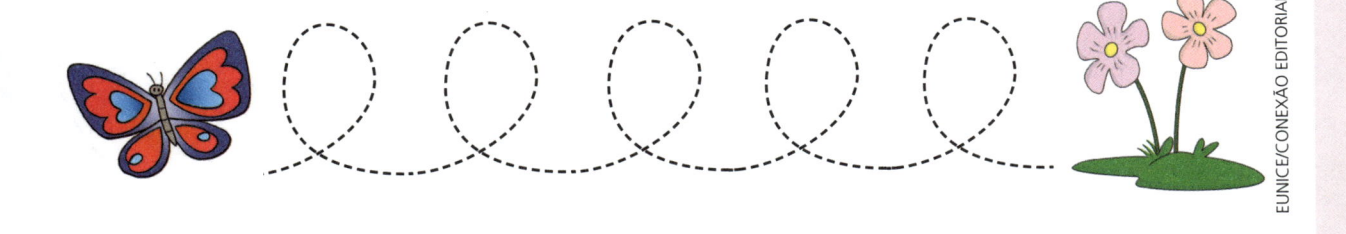

- Ajude a joaninha. Ela caminha em zigue-zague.

2 Cubra as linhas tracejadas com estas cores:

—— linhas curvas

—— linhas retas

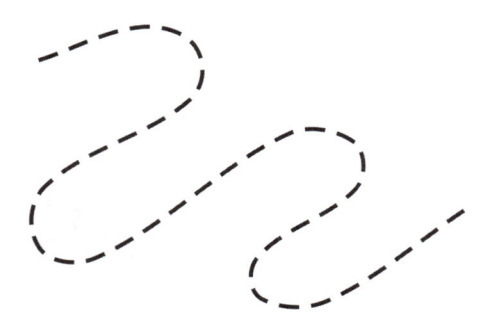

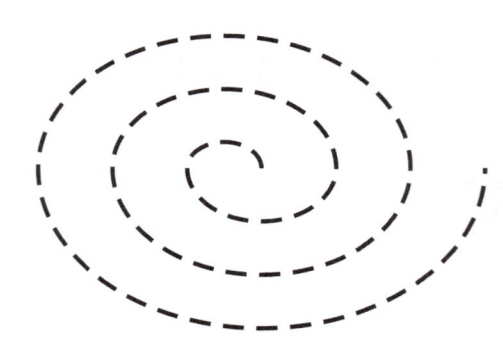

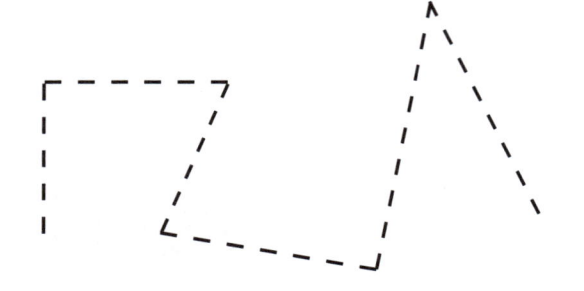

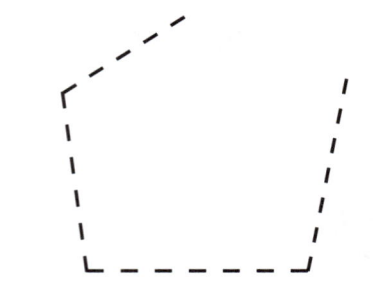

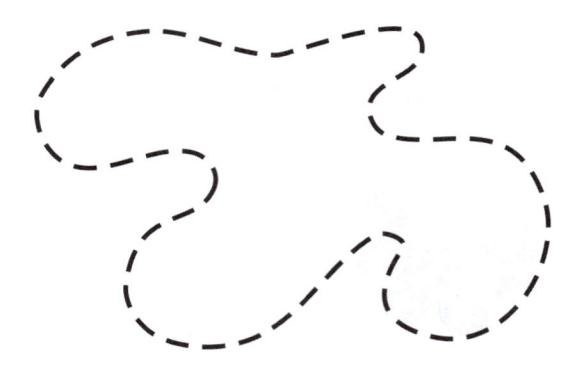

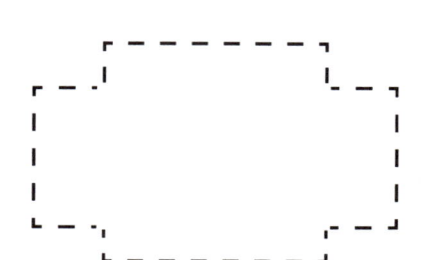

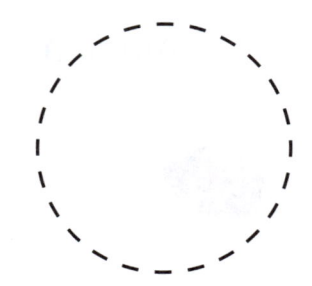

3 Observe as fotos e identifique os elementos de cada imagem que lembram linhas retas e linhas curvas.

_____   _____   _____
_____   _____   _____
_____   _____   _____

4 Observe as diferentes linhas na decoração das cerâmicas marajoaras.

Artesanato indígena produzido pelas populações da Ilha de Marajó, Pará, Brasil.

Utilize linhas retas e linhas curvas para decorar os vasos.

LIÇÃO 7
DÚZIA E MEIA DÚZIA

Mateus vai à feira todo sábado.

Uma dúzia de laranjas, por favor.

Quantas laranjas Mateus vai levar? _____
Em outra barraca, ele pediu uma dúzia de ovos.

Quantos ovos Mateus comprou? _____
Mateus comprou, ainda, meia dúzia de maçãs, ou seja, _____ maçãs.

| 12 unidades formam **1 dúzia**. | 6 unidades formam **meia dúzia**. |

ATIVIDADES

1 Continue desenhando até formar uma dúzia.

a)

b)

c)

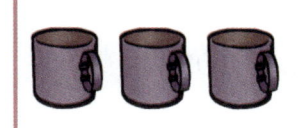

2 Conte as frutas de cada caixa e complete.

a) Na caixa há _____ maçãs.

b) Para completar 1 dúzia de maçãs, faltam _____ maçãs.

a) Há _____ laranjas na caixa.

b) Para deixar meia dúzia de laranjas na caixa, precisamos retirar _____ laranjas.

3 Pinte 1 dúzia de lápis.

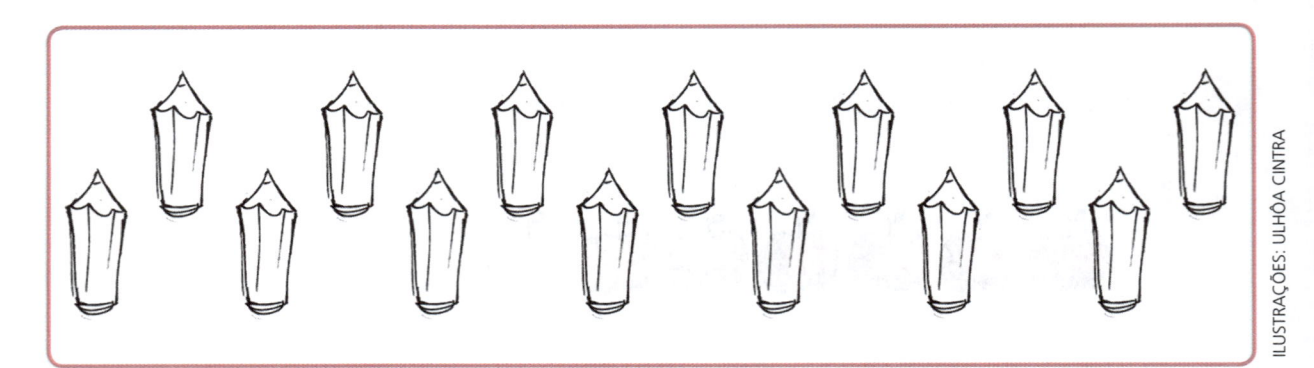

4 Complete.

a) 1 dúzia de borrachas são _____ borrachas.

b) 1 dúzia e meia de réguas são _____ réguas.

c) 2 dúzias de cadernos são _____ cadernos.

5 Faça o cálculo mental e assinale a resposta correta.

a) Júnior tinha 5 bolas de gude. Agora, ele tem 17. Júnior ganhou no jogo:

☐ 1 dezena de bolas de gude

☐ 1 dúzia de bolas de gude

☐ meia dúzia de bolas de gude

b) Sofia tem 6 chocolates. Quantos faltam para ter 18?

☐ 1 dúzia ☐ 1 dúzia e meia

☐ 2 dúzias

PROBLEMAS

1) Salete foi ao supermercado e comprou 2 dúzias de ovos. Quantos ovos Salete levou para casa?

Cálculo

Resposta: _____

2) Mamãe ganhou 5 rosas. Quantas rosas ela deverá comprar para completar 1 dúzia?

Cálculo

Resposta: _____

3) Luciano foi à papelaria e comprou meia dúzia de lápis. Quantos lápis Luciano comprou? Quantos lápis ele precisa comprar para ficar com 1 dúzia e meia?

Cálculo

Luciano comprou ☐ lápis.

Para ficar com 1 dúzia e meia de lápis, Luciano deverá comprar mais ☐ lápis.

4 Gustavo tinha meia dúzia de balas. Ganhou mais 3 balas de seu avô. Com quantas balas Gustavo ficou? Quantas balas Gustavo precisa ganhar para ficar com 1 dúzia?

Cálculo

Gustavo ficou com ☐ balas.

Para ficar com 1 dúzia de balas, Gustavo precisa ganhar mais ☐ balas.

5 Para fazer uma torta, Adriana precisa de meia dúzia de maçãs. Ela tem 2 maçãs. Quantas maçãs faltam?
Desenhe a quantidade de maçãs de que Adriana precisa para fazer a torta.

Cálculo

Faltam ☐ maçãs.

LIÇÃO 8 — NÚMEROS ORDINAIS

No dia a dia, muitas vezes precisamos entrar em uma fila. Há filas nos bancos, nos supermercados, nos teatros, nos circos e até na escola.

Observe as crianças na fila de um cinema para comprar ingresso.

- Complete os espaços com as palavras corretas.

Ana está de camiseta amarela e ocupa o _____ lugar na fila.

Andréa, de vestido laranja, está em _____ lugar na fila.

Bruno, de bermuda marrom, ocupa o _____ lugar na fila.

Pedro, o mais alto, está em _____ lugar na fila.

Bia, de calça listrada, está em _____ lugar na fila.

Eva, de blusa roxa, está em _____ lugar na fila.

> Os **números ordinais** são usados para indicar ordem, posição ou lugar de pessoas ou objetos.

Conheça os números ordinais até o 20º.

1º – primeiro	11º – décimo primeiro
2º – segundo	12º – décimo segundo
3º – terceiro	13º – décimo terceiro
4º – quarto	14º – décimo quarto
5º – quinto	15º – décimo quinto
6º – sexto	16º – décimo sexto
7º – sétimo	17º – décimo sétimo
8º – oitavo	18º – décimo oitavo
9º – nono	19º – décimo nono
10º – décimo	20º – vigésimo

Também podemos utilizar os números ordinais para indicar a ordem das tarefas do dia.

Copie as frases abaixo na ordem das atitudes que você tem quando escova os dentes:

- Seca as mãos e a boca.
- Pega a escova de dente.
- Coloca creme dental na escova.
- Abre a torneira.
- Escova os dentes.
- Enxágua a boca.

1º _____

2º _____

3º _____

4º _____

5º _____

6º _____

ATIVIDADES

1 Pinte:

a) O 1º carrinho de azul.

b) O 3º carrinho de amarelo.

c) O 5º carrinho de vermelho.

d) O 4º carrinho de verde.

e) O 2º carrinho de laranja.

2 Escreva por extenso os números ordinais.

6º ⟶ _____

3º ⟶ _____

5º ⟶ _____

9º ⟶ _____

8º ⟶ _____

4º ⟶ _____

20º ⟶ _____

7º ⟶ _____

2º ⟶ _____

10º ⟶ _____

3 Complete as sequências.

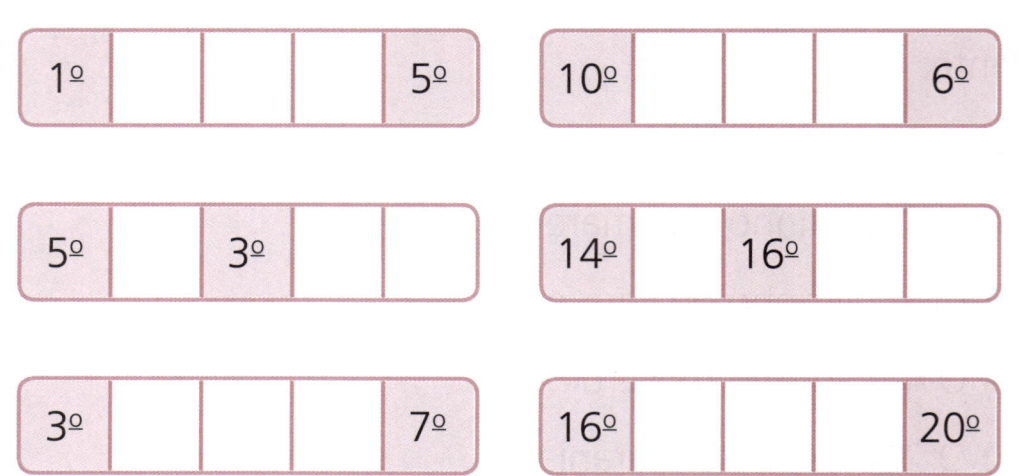

| 1º | | | | 5º |

| 10º | | | | 6º |

| 5º | | 3º | | |

| 14º | | 16º | | |

| 3º | | | | 7º |

| 16º | | | | 20º |

DITADO DE NÚMEROS

Escreva os números ordinais que o professor ditar.

OSVALDO SEQUETIN

LIÇÃO 9 — NÚMEROS ATÉ 999

No nosso sistema de numeração, usamos dez algarismos que, combinados, podem representar qualquer número.

Combinando os algarismos 1 e 2, por exemplo, podemos representar os números 12 e 21.

> Você observou que cada um desses algarismos representa um valor diferente dependendo da posição que ocupa no número?

$$12 = 10 + 2$$
$$21 = 20 + 1$$

Essa é uma das características do sistema decimal de numeração.

Chama-se decimal porque, nesse sistema, agrupamos de 10 em 10.

Você já trabalhou com Material Dourado?

Vamos relembrar como se representa a dezena.

1 unidade   10 unidades = 1 dezena

10 **unidades** formam 1 **dezena**.

2ª ORDEM	1ª ORDEM
Dezenas	Unidades
1	0

Em um número, cada algarismo ocupa um lugar e esse lugar indica a **ordem** desse algarismo. Observe o que acontece com o número 19.

O número 9 ocupa a primeira ordem, que é a das **unidades**.
O número 1 ocupa a segunda ordem, que é a das **dezenas**.

1 dezena + 9 unidades = 19
Lê-se: dezenove.

2ª ORDEM	1ª ORDEM
Dezenas	Unidades
1	9

ATIVIDADES

1 Que números estão representados em Material Dourado?

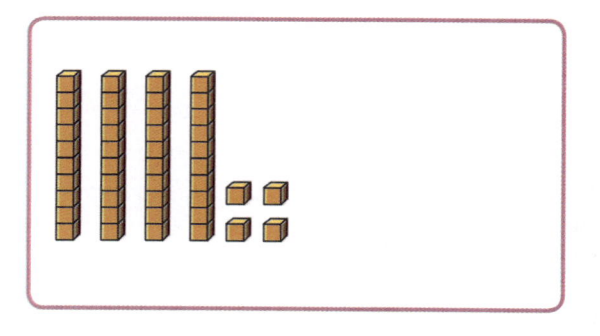

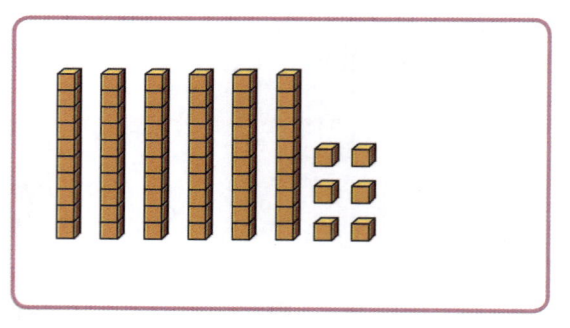

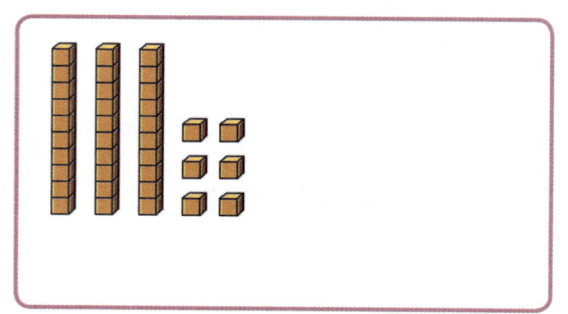

2 Adicione mentalmente e escreva o resultado.

a) 20 + 2 = ☐   d) 12 + 2 = ☐   g) 41 + 2 = ☐

b) 23 + 3 = ☐   e) 43 + 4 = ☐   h) 75 + 3 = ☐

c) 34 + 5 = ☐   f) 20 + 1 = ☐

3 Componha cada número e escreva-o por extenso.

> 1 dezena + 7 unidades = 17 (dezessete)

a) 1 dezena + 4 unidades = _____

b) 4 dezenas + 3 unidades = _____

c) 2 dezenas + 5 unidades = _____

d) 3 dezenas + 1 unidade = _____

e) 8 dezenas + 2 unidades = _____

f) 6 dezenas + 8 unidades = _____

4 Faça a decomposição dos números nas respectivas dezenas e unidades, conforme o exemplo.

> 24 → 2 dezenas + 4 unidades = 10 + 10 + 4 = 24

a) 22 → _____

b) 68 → _____

c) 16 → _____

d) 40 → _____

e) 79 → _____

f) 81 → _____

g) 95 → _____

h) 32 → _____

Sistema de Numeração Decimal – centena

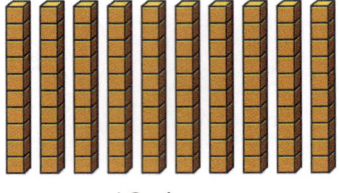

10 dezenas    1 centena

> 100 **unidades** equivalem a 10 **dezenas**, que, por sua vez, equivalem a 1 **centena**.

100 unidades agrupadas equivalem a 1 centena.
Lembre-se de que, em um número, cada algarismo ocupa um lugar e esse lugar indica a ordem do algarismo. Veja a representação do número 100 no quadro de ordens.

C	D	U
1	0	0

O 1 ocupa a terceira ordem, que é a das centenas.

Unidades, dezenas e centenas formam uma classe: **a classe das unidades simples**.

Classe das unidades simples		
3ª ordem	2ª ordem	1ª ordem
C	D	U
1	0	0

1 centena
10 dezenas
100 unidades

Contando de 100 em 100, temos as **centenas exatas**. Observe as representações com Material Dourado e complete.

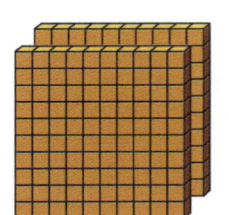

C	D	U
2	0	0

_____ centenas

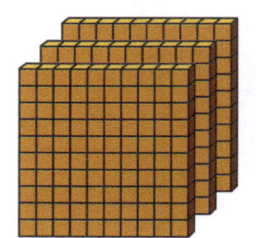

C	D	U
3	0	0

_____ centenas

C	D	U
4	0	0

_____ centenas

C	D	U
5	0	0

_____ centenas

C	D	U
6	0	0

_____ centenas

C	D	U
7	0	0

_____ centenas

C	D	U
8	0	0

_____ centenas

C	D	U
9	0	0

_____ centenas

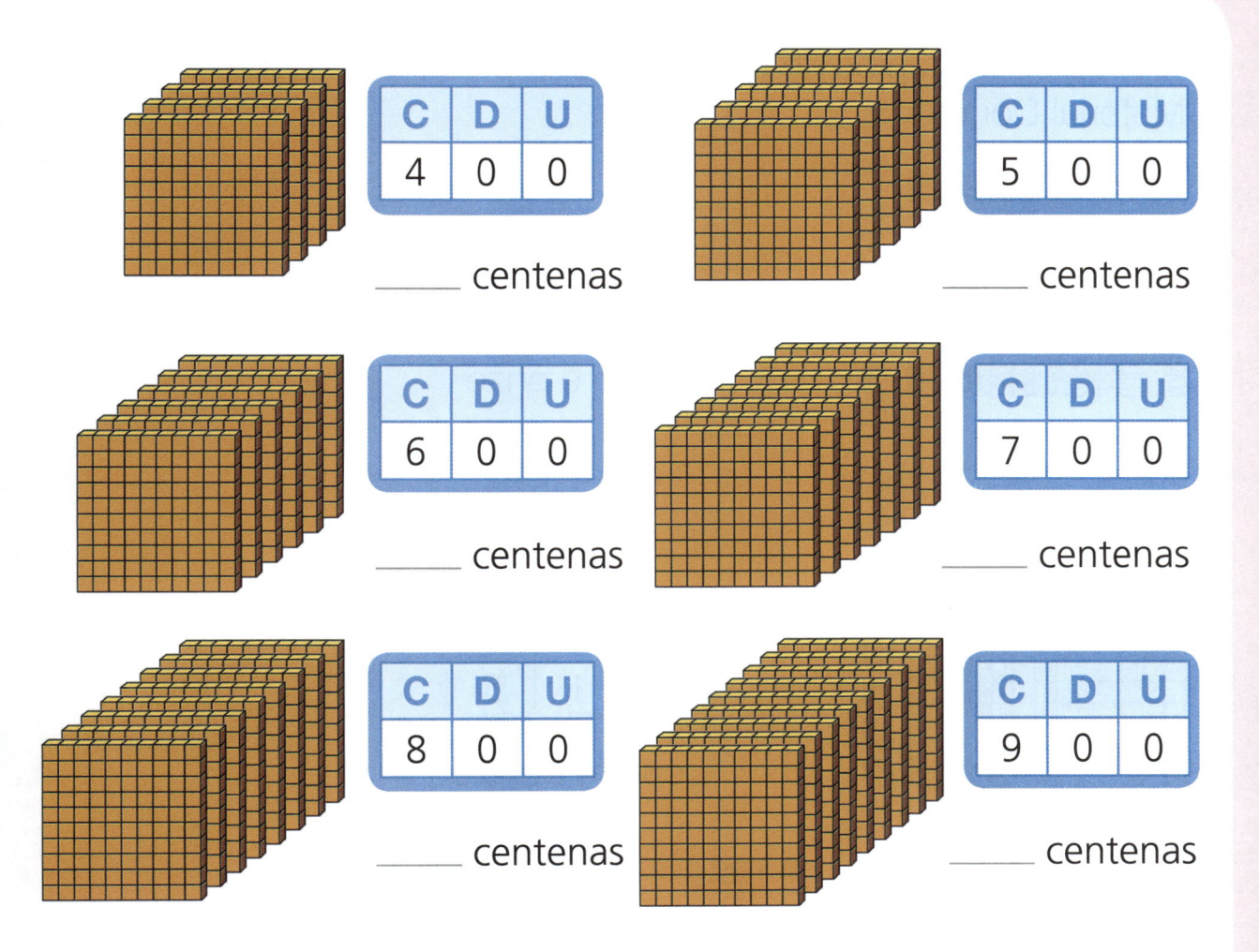

Decomposição de um número natural

Decompor um número significa separar esse número em ordens.

Observe um exemplo.

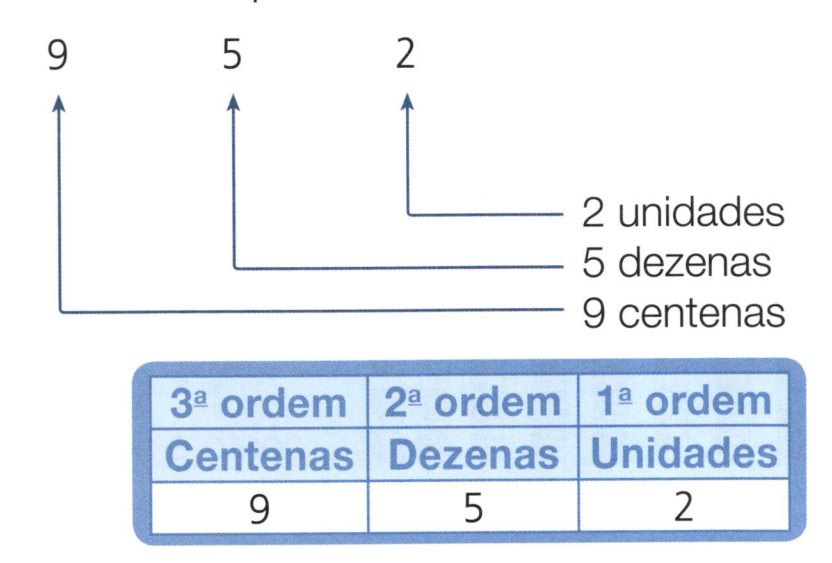

9 5 2

2 unidades
5 dezenas
9 centenas

3ª ordem	2ª ordem	1ª ordem
Centenas	Dezenas	Unidades
9	5	2

Veja os exemplos de quantidades representadas com o Material Dourado.

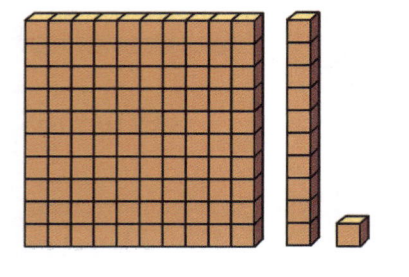

C	D	U
1	1	1

cento e onze

100 + 10 + 1

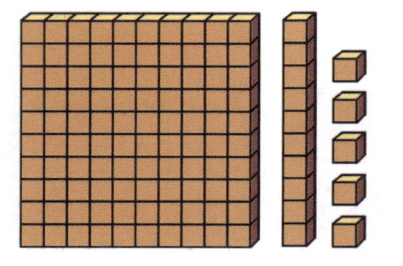

C	D	U
1	1	5

cento e quinze

100 + 10 + 5

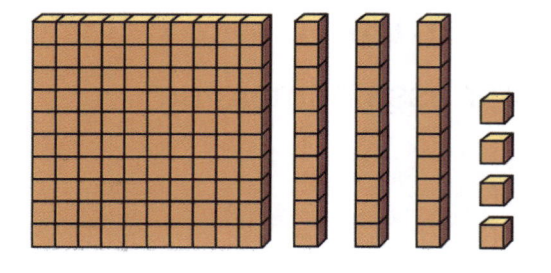

C	D	U
1	3	4

cento e trinta e quatro

100 + 30 + 4

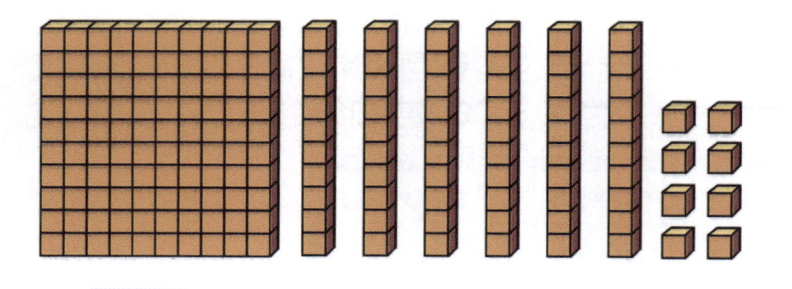

C	D	U
1	6	8

cento e sessenta e oito

100 + 60 + 8

ATIVIDADES

1 Represente cada quantidade no quadro de ordens.

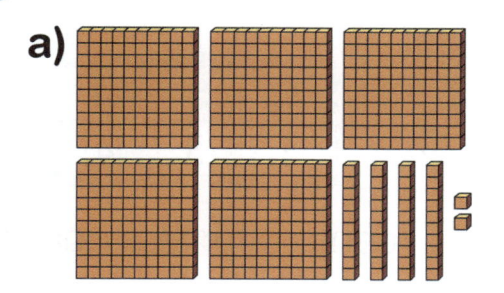

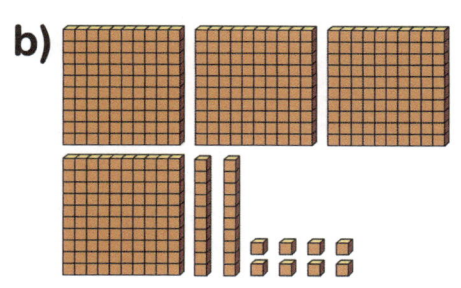

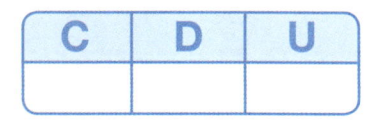

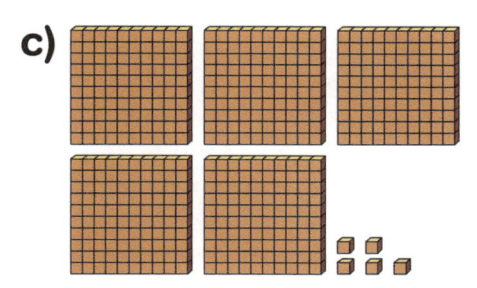

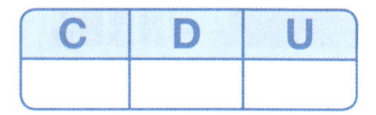

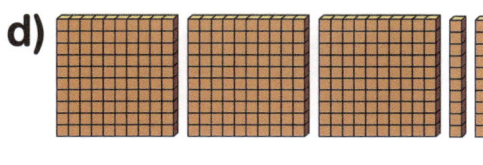

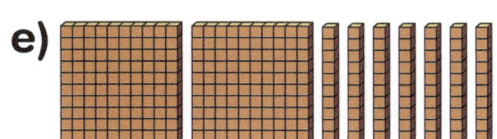

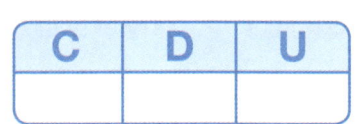

a)

C	D	U

b)

C	D	U

c)

C	D	U

d)

C	D	U

e)

C	D	U

2 Represente o número no quadro de ordens.

a) seiscentos e cinquenta e quatro

C	D	U

b) quatrocentos e quinze

C	D	U

c) novecentos e setenta e oito

C	D	U

3 Complete o quadro e escreva por extenso. Veja o modelo.

C	D	U
1	3	4

cento e trinta e quatro

100 + 30 + 4

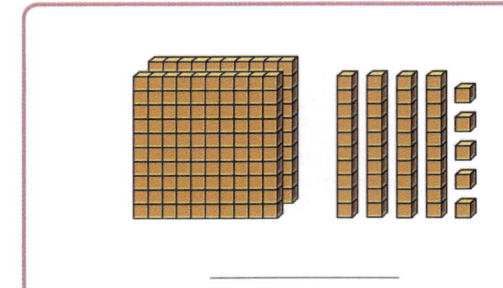

C	D	U

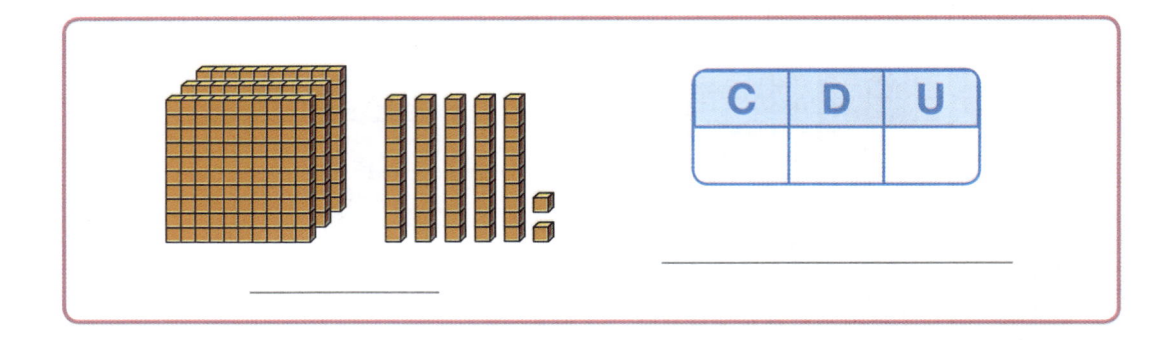

_____

C	D	U

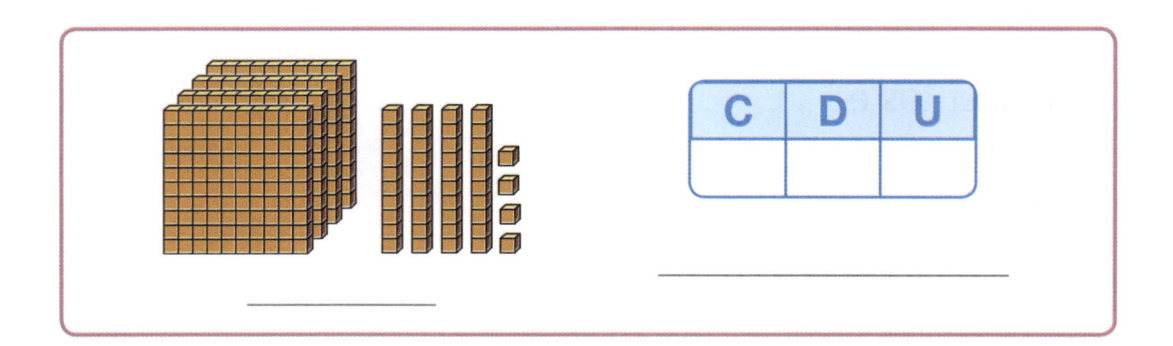

_____

C	D	U

_____

4 Escreva por extenso.

a) 801 _____

b) 836 _____

c) 189 _____

d) 350 _____

e) 687 _____

f) 288 _____

g) 480 _____

h) 764 _____

i) 506 _____

j) 399 _____

5 Complete.

10 A MENOS		10 A MAIS	100 A MENOS		100 A MAIS
	290			800	
	310			420	
	405			295	
	760			777	
	605			321	
	27			105	

6 Decomponha os números como no exemplo.

873 ⟶ 800 + 70 + 3

a) 229 _____

b) 548 _____

c) 601 _____

d) 382 _____

e) 450 _____

f) 135 _____

g) 966 _____

h) 717 _____

7 Escreva por extenso os números abaixo.

227 _____   101 _____

321 _____   291 _____

405 _____   390 _____

8 Complete.

a) 165 _____ centena, _____ dezenas e _____ unidades.

b) 420 _____ centenas, _____ dezenas e _____ unidade.

c) 236 _____ centenas, _____ dezenas e _____ unidades.

d) 343 _____ centenas, _____ dezenas e _____ unidades.

e) 158 _____ centena, _____ dezenas e _____ unidades.

f) 292 _____ centenas, _____ dezenas e _____ unidades.

9 Complete o quadro de acordo com a escrita numérica.

	C	D	U
cento e vinte e três	1	2	3
trezentos e quarenta e três			
cento e sessenta e oito			
quatrocentos e cinquenta			
cento e oitenta e nove			
duzentos e trinta e sete			

10 Conte e complete as sequências:

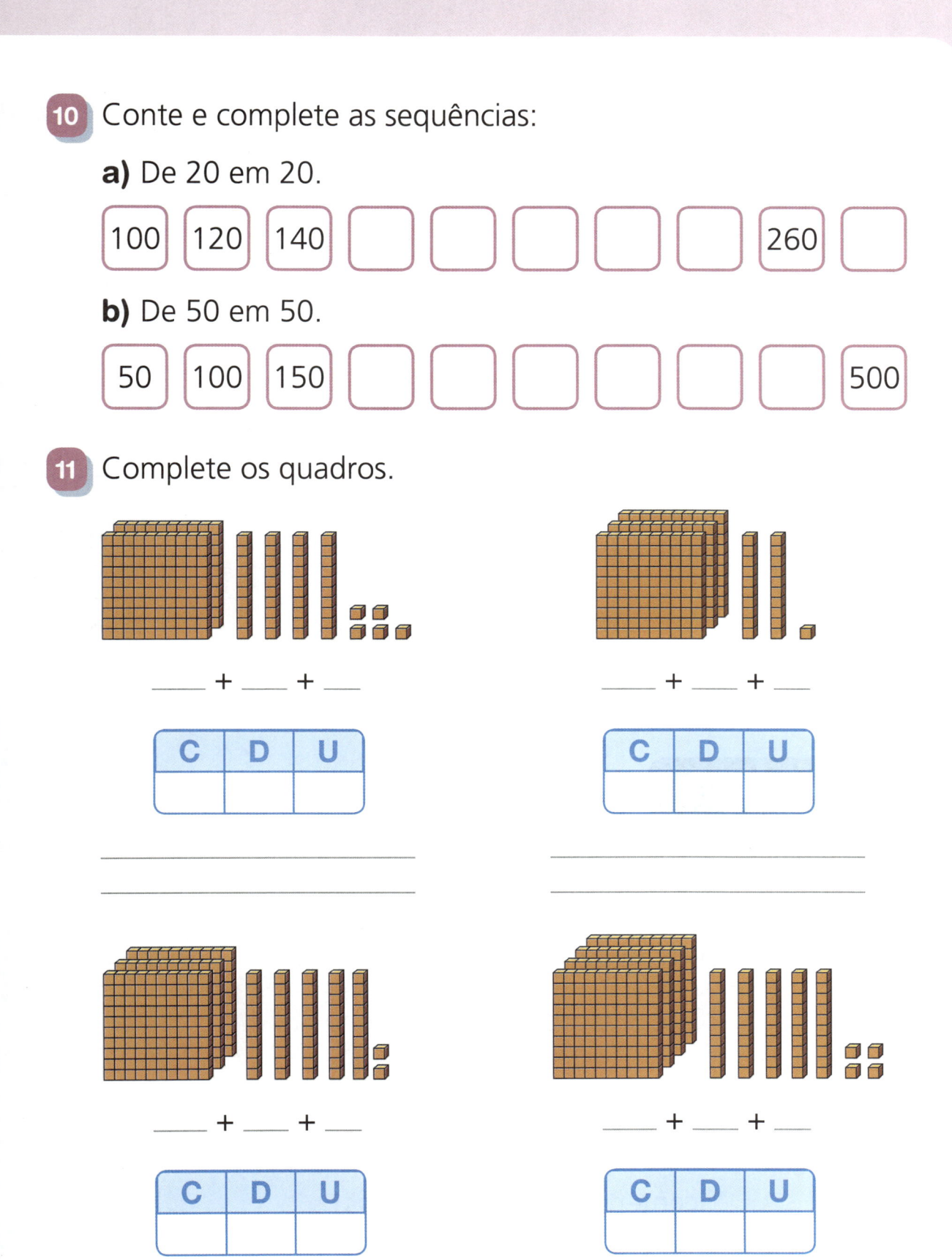

a) De 20 em 20.

| 100 | 120 | 140 | | | | | | 260 | |

b) De 50 em 50.

| 50 | 100 | 150 | | | | | | | 500 |

11 Complete os quadros.

___ + ___ + ___

C	D	U

_____
_____

___ + ___ + ___

C	D	U

_____
_____

___ + ___ + ___

C	D	U

_____
_____

___ + ___ + ___

C	D	U

_____
_____

12 Relacione os números

a) que somam 200.

196	1
199	2
195	3
198	4
197	5

b) que somam 400.

393	5
391	6
392	7
395	8
394	9

DESAFIO

Complete.

100 unidades = _____ dezenas

100 unidades = _____ centena

10 dezenas = _____ unidades

10 dezenas = _____ centena

1 centena = _____ unidades

1 centena = _____ dezenas

13 A diretora da escola está separando folhas de papel sulfite para distribuir entre as turmas. Veja como ela separou.

100 folhas 150 folhas 50 folhas 100 folhas

200 folhas 100 folhas 50 folhas 50 folhas

Quantas folhas ela tinha à sua disposição para fazer essa separação? _____

14 Foram entregues na escola algumas caixas de lápis. Veja.

200 300 100

a) Qual é a cor da caixa que tem mais lápis? _____

b) Qual é a cor da caixa que tem menos lápis? _____

c) Se juntarmos os lápis da caixa azul com os da caixa vermelha serão quantos no total? _____

d) Qual é o total de lápis nas três caixas? _____

PROBLEMAS

1) A fábrica de Cláudio vendeu 1 caixa de sabonete por dia, durante uma semana, de segunda-feira a sexta-feira. Cada caixa contém 100 sabonetes. Quantos sabonetes a fábrica de Cláudio vendeu durante a semana?

Resposta: _____

2) Helena faz coleção de botões. Ela organiza sua coleção em caixas. Em cada caixa cabem 120 botões. Se Helena tem 3 caixas cheias de botões, quantos botões ela tem ao todo?

Resposta: _____

3) Na papelaria são vendidos pacotes de papel sulfite com 50 folhas. Se preciso de 200 folhas, quantos pacotes terei de comprar?

Resposta: _____

DITADO DE NÚMEROS

Preste atenção no número que o professor vai ditar. Registre em cada casinha e, depois, escreva-os por extenso.

Cruzadinha da Matemática

1 – A operação na qual se tiram quantidades

2 – A operação na qual se adicionam quantidades

3 – O número 5 é ...

4 – Estuda as formas geométricas

5 – O ... de 4 é 12

6 – O relógio mostra as ...

7 – A fita métrica serve para medir ...

8 – A balança indica a ...

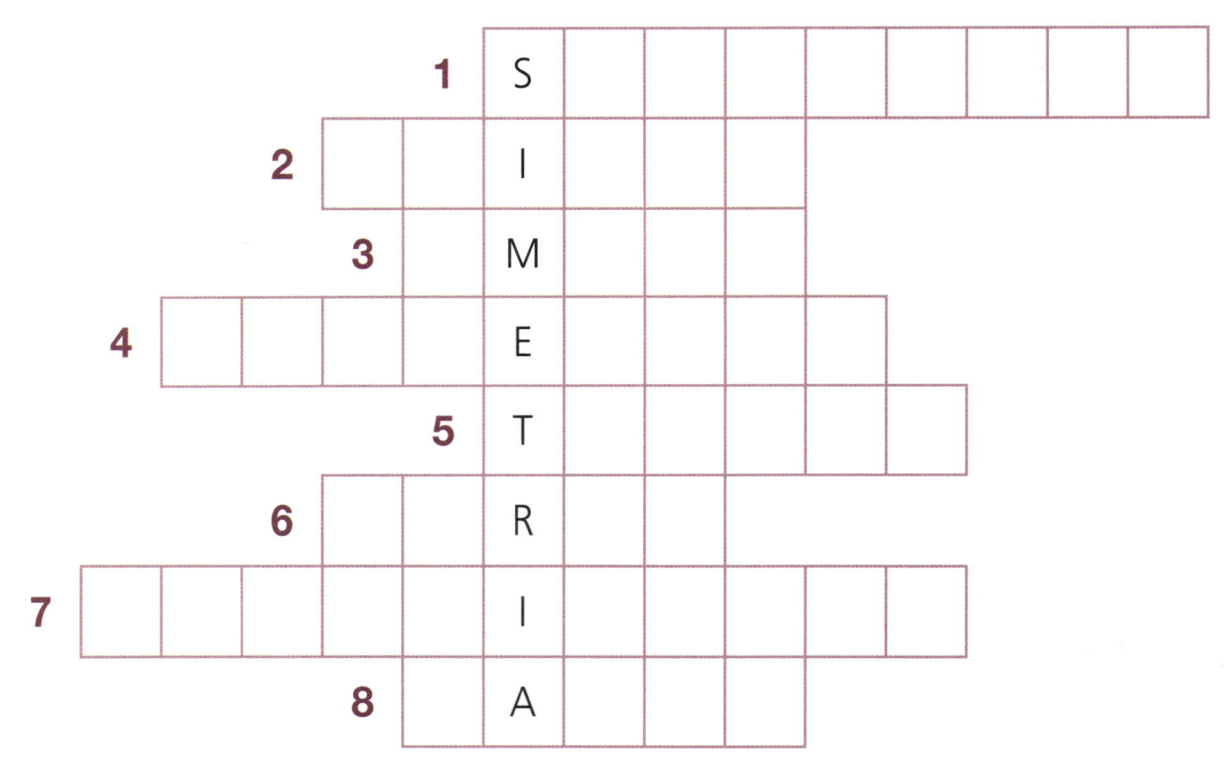

PARA SE DIVERTIR

Batalha dos números – composição

Agora que você já conhece números formados por 3 algarismos, vamos aprender um novo jogo!

- Destaque as cartas da página 241 do Almanaque.
- Convide um ou dois amigos para jogar; cada um deverá trazer suas cartas.
- Cada jogador embaralha suas cartas e deixa os números virados para baixo, sem olhá-los, organizados em um monte.
- Depois de embaralhar as cartas, o jogador vira três cartas do monte e com elas deverá formar um número.
- Quem formar o maior número ganha as cartas dos colegas. Vence o jogo quem ficar com o maior número de cartas.

Registre no espaço abaixo alguns dos números que você conseguiu formar.

LIÇÃO 10
ADIÇÃO E SUBTRAÇÃO: NÚMEROS COM 3 ALGARISMOS

Adição sem reagrupamento (com três algarismos)

Em um dia, um pedreiro revestiu uma parede com 231 azulejos. No outro dia, ele colocou mais 156 azulejos.

Quantos azulejos ele colocou ao todo nesses dois dias?

Para fazer esses cálculos, vamos utilizar o Material Dourado.

Quantidade de azulejos do primeiro dia: 231	Quantidade de azulejos do segundo dia: 156

Juntando as duas quantidades, usando o Material Dourado, temos:

→ 387

Representamos essa adição assim:

_____ + _____ = _____ ou   +

O pedreiro colocou ao todo _____ azulejos.

104

ATIVIDADES

1 Calcule.

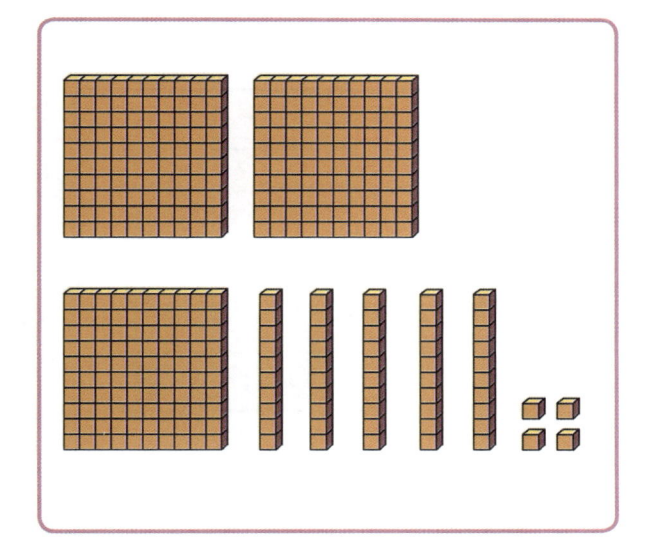

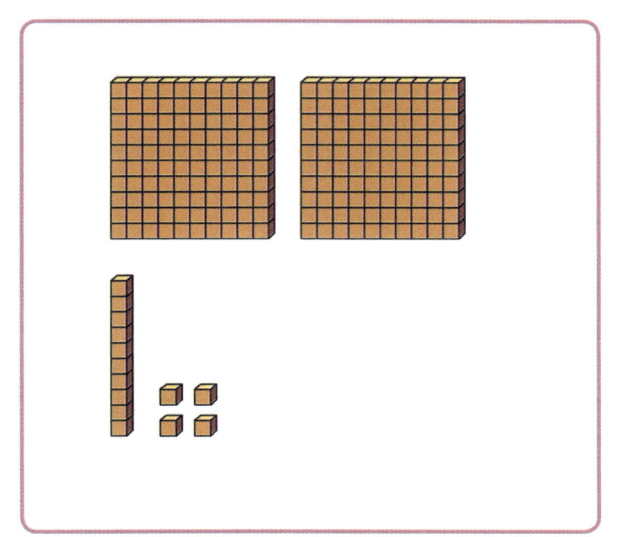

☐ + ☐ = ☐

2 Calcule quantos reais André e Alice têm juntos.

Dinheiro de André

Dinheiro de Alice

_____ + _____ = _____

Juntos, eles têm _____ reais.

105

3 Arme e efetue no quadro de ordens. Siga o exemplo.

a) 235 + 732

	C	D	U
	2	3	5
+	7	3	2
	9	6	7

b) 313 + 124 =

	C	D	U
+			

c) 526 + 112

	C	D	U
+			

d) 430 + 19

	C	D	U
+			

e) 243 + 12

	C	D	U
+			

f) 603 + 204

	C	D	U
+			

g) 637 + 301

	C	D	U
+			

h) 200 + 143

	C	D	U
+			

4 Arme e efetue as adições.

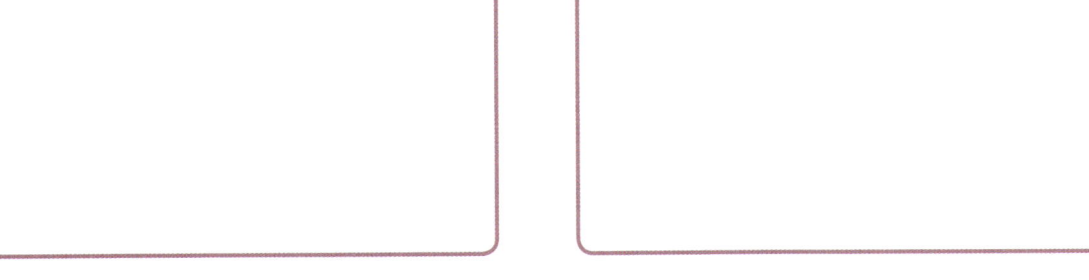

a) 521 + 52 + 6 = _____

b) 246 + 132 = _____

c) 603 + 64 = _____

d) 323 + 12 + 32 = _____

e) 427 + 40 = _____

f) 350 + 232 + 216 = _____

g) 324 + 211 = _____

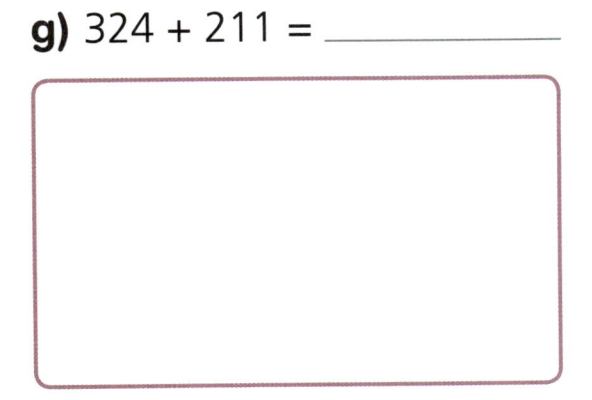

h) 723 + 140 + 25 = _____

PROBLEMAS

1 Catarina coletou até ontem 221 cobertores para a campanha de agasalho do bairro. Hoje ela coletou mais 48 cobertores. Quantos cobertores ela coletou ao todo?

Cálculo

Resposta: _____

2 Para um piquenique da escola, o professor Marcelo levou 117 maçãs e o professor Cesar levou 150 laranjas. Quantas frutas os professores levaram ao todo?

Cálculo

Resposta: _____

3 Paula tem 135 figurinhas e ganhou da mãe dela 23 novas figurinhas. Quantas figurinhas Paula tem agora?

Cálculo

Resposta: _____

4 Em um concurso de desenhos feitos por crianças, participaram 236 meninas e 361 meninos. Quantas crianças participaram desse concurso?

Cálculo

Resposta: _____

5 Uma biblioteca recebeu 264 livros de romance, 103 de contos e 22 de poemas. Quantos livros essa biblioteca recebeu?

Cálculo

Resposta: _____

6 Em um acampamento de férias havia 671 pessoas de manhã. À tarde chegaram mais 307 pessoas. Quantas pessoas havia ao todo no acampamento?

Cálculo

Resposta: _____

Adição com reagrupamento

No Clube de Matemática há 27 livros de Geometria e 18 de jogos.

Quantos livros há ao todo no Clube de Matemática?

Para resolver esse problema, precisamos juntar a quantidade de livros de Geometria com a quantidade de livros de jogos:

$$27 + 18$$

Observe algumas maneiras de efetuar esse cálculo.

Utilizando Material Dourado

Veja quanto vale cada cubinho e cada barra.

1 unidade	10 unidades	1 dezena ou 10 unidades

Utilizando ▫ e ▭ vamos representar os números 27 e 18.

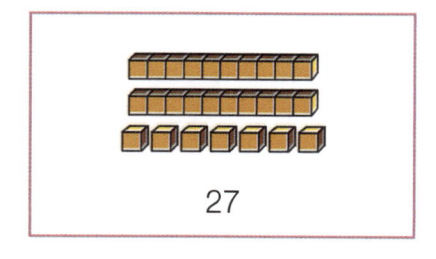

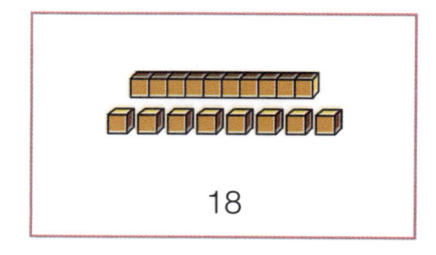

27

18

Vamos juntar estas quantidades.

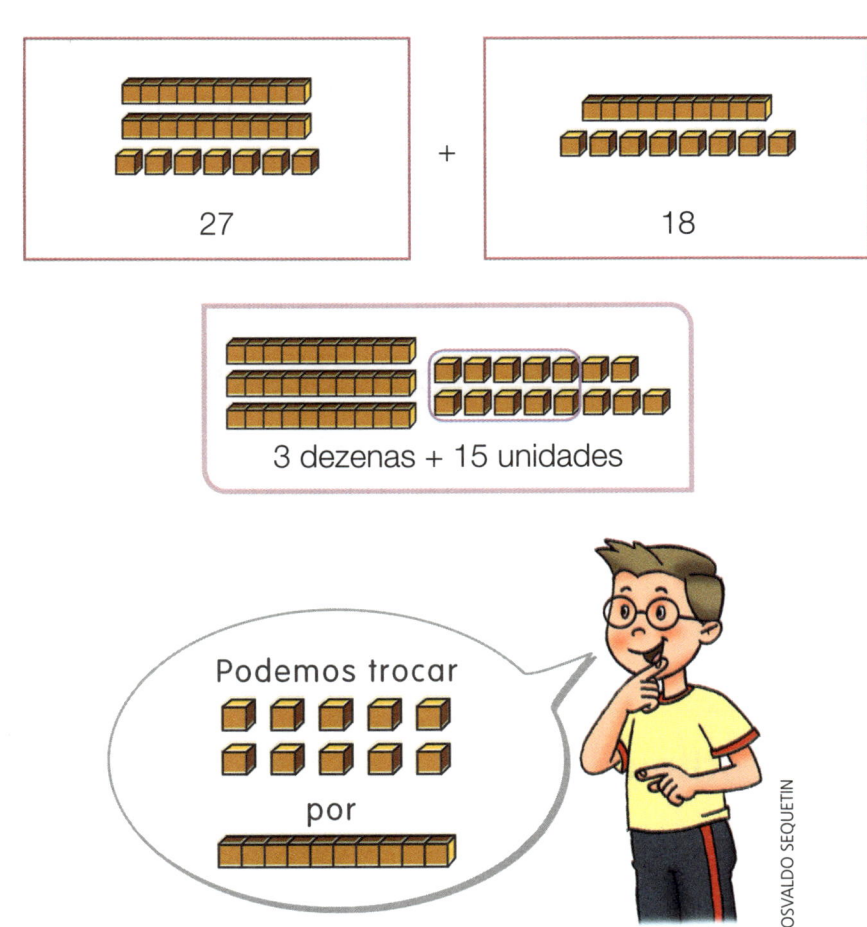

27 + 18

3 dezenas + 15 unidades

Podemos trocar

por

Ficamos, então, com:

4 dezenas e 5 unidades

No Clube de Matemática temos 45 livros.

Por decomposição

Observe como podemos fazer o cálculo por decomposição.

27 + 18

20 + 7 + 10 + 8

20 + 10 + 7 + 8

30 + 15

30 + 10 + 5

40 + 5 = 45

- Decompor o 27: 20 + 7
- Decompor o 18: 10 + 8
- Adicionar as dezenas: 20 + 10 = 30
- Adicionar as unidades: 7 + 8 = 15
- Decompor o 15: 10 + 5 = 15
- Adicionar novamente as dezenas: 30 + 10 = 40
- Adicionar 40 + 5.

Logo, há no Clube de Matemática 45 livros.

Utilizando o algoritmo

Agora, vamos efetuar 27 + 18.

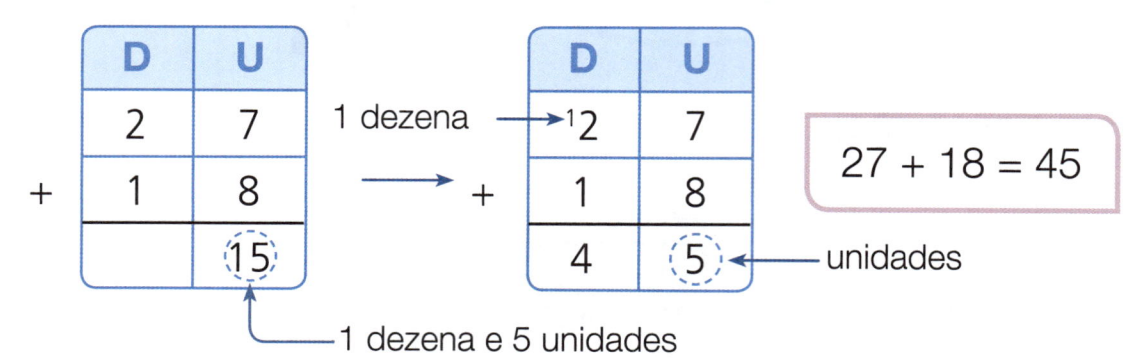

D	U
2	7
+ 1	8
	15

1 dezena →

D	U
¹2	7
+ 1	8
4	5

→ unidades

27 + 18 = 45

1 dezena e 5 unidades

Podemos simplificar. Veja:

D	U
①2	7
+ 1	8
4	5

No Clube de Matemática há 45 livros.

ATIVIDADES

1 Efetue as adições de acordo com o que é pedido em cada item.

a) Utilizando Material Dourado.

19 + 34

b) Por decomposição.

56 + 27

c) Utilizando o algoritmo.

42 + 39

2 Efetue as adições utilizando o algoritmo.

a)
    2 4
+ 1 8

b)
    7 2
+ 1 9

c)
    1 7
+ 4 5

3 Arme e efetue no quadro de ordens.

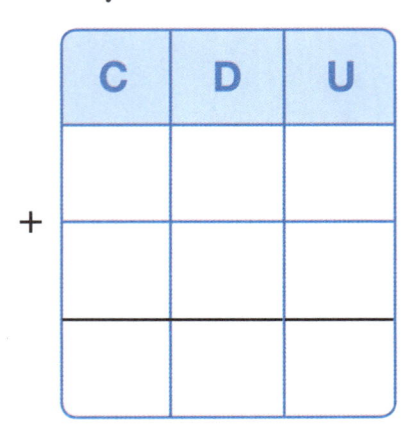

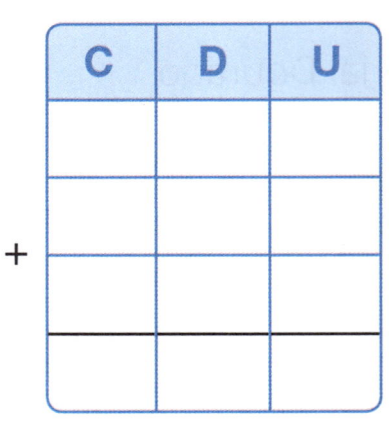

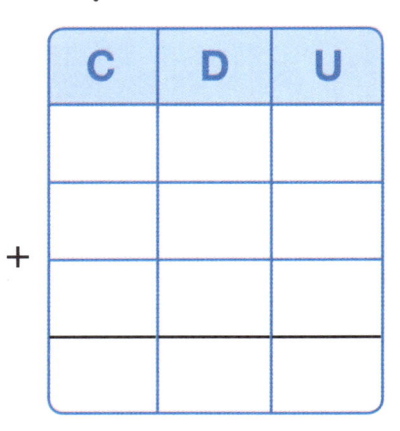

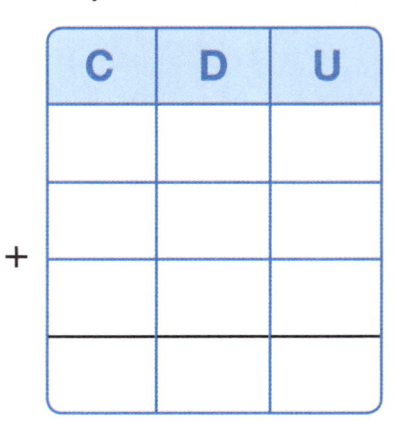

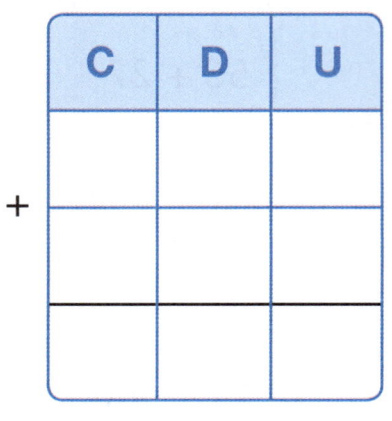

a) 32 + 29

b) 233 + 217 + 46

c) 352 + 128

d) 326 + 34 + 12

e) 231 + 116 + 28

f) 506 + 158

g) 136 + 107 + 34

h) 324 + 208 + 162

i) 380 + 145 + 232

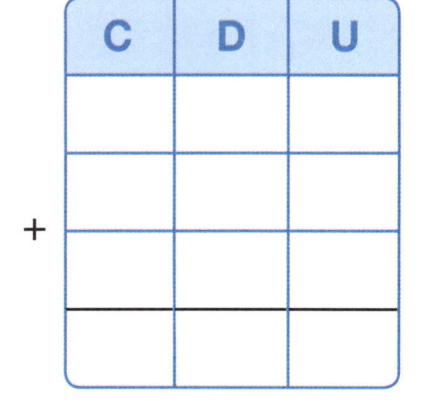

4 Resolva as operações.

a) 1 7 6
  +   1 6
  ———————

b) 1 3 6
  + 2 4 6
  ———————

c) 3 3 7
  + 1 2 3
  ———————

d) 4 4 4
  +   2 8
  ———————

e) 3 1 6
  +   7 5
  ———————

f) 1 4 8
  + 2 3 2
  ———————

g) 1 2 9
  + 1 3 6
  ———————

h) 2 2 8
  +   4 4
  ———————

5 Escolha os números de modo que as adições fiquem corretas.

74	6
+ ☐	5
——	
80	2

☐	68
+ 15	67
——	
83	57

☐	39
+ 26	37
——	
64	38

35	35
+ ☐	25
——	
70	34

☐	27
+ 14	28
——	
42	38

72	18
+ ☐	19
——	
91	20

46	26
+ ☐	25
——	
72	34

37	13
+ ☐	12
——	
50	11

☐	26
+ 12	27
——	
39	25

115

6 Arme e efetue as adições.

a) 326 + 140 + 207 = ☐

b) 521 + 119 + 37 = ☐

c) 412 + 316 + 4 = ☐

d) 227 + 515 + 25 = ☐

7 As operações já estão armadas. Descubra os números que estão ocultos.

a)
```
  ☐ 5 ☐
+ 2 ☐ 6
---------
  4 8 3
```

b)
```
  3 ☐ 7
+ ☐ 2 4
---------
  7 8 1
```

c)
```
  3 ☐ 6
+ ☐ 2 ☐
---------
  6 8 4
```

d)
```
    8 2
+ 2 0 ☐
---------
  2 9 1
```

e)
```
  4 ☐ 5
+ 1 3 ☐
---------
  5 8 3
```

f)
```
  1 ☐ ☐
+ ☐ 6 9
---------
  6 9 0
```

DESAFIO

Bia e Cauê estão brincando com um jogo de fichas. Veja quantos pontos valem cada ficha.

Pontos:

🔴 🟣 🟢 🟤 🟪
100 200 300 400 500

a) Agora, calcule quantos pontos vale cada par de fichas.

🔴 🟤
_____ + _____ = _____

🟢 🟣
_____ + _____ = _____

🟣 🟣
_____ + _____ = _____

🔴 🟪
_____ + _____ = _____

b) Calcule a soma dos pontos de cada par de fichas de:

BIA

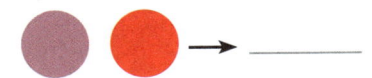

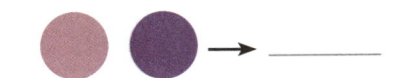

🟢 🟢 → _____

🟣 🔴 → _____

CAUÊ

🔴 🔴 → _____

🟣 🟪 → _____

Quem venceu o jogo de fichas? _____

O que aconteceu com o resultado? _____

PROBLEMAS

1 Numa festa de aniversário, o palhaço distribuiu 252 sorvetes e ainda ficou com 18. Quantos sorvetes tinha o palhaço?

Cálculo

Resposta: _____

2 Fomos passar as férias na fazenda. Trouxemos de lá uma centena e meia de laranjas, meia centena de goiabas e três dezenas de bananas. Quantas frutas trouxemos?

Cálculo

Resposta: _____

3 De uma peça de fita, foram vendidos 150 metros para um freguês. Sobraram na peça 70 metros. Quantos metros tinha a peça toda?

Cálculo

Resposta: _____

4 Fabiana fez 125 brigadeiros, 55 beijinhos de coco e 110 quindins para vender. Quantos doces Fabiana fez?

Cálculo

Resposta: _____

5 Um relojoeiro vendeu 67 relógios e ainda ficou com 25. Quantos relógios ele tinha?

Cálculo

Resposta: _____

6 Na cantina da escola há 75 garrafas de guaraná, 16 de soda limonada e 104 de outras bebidas. Quantas garrafas há, ao todo, na cantina?

Cálculo

Resposta: _____

Subtração sem reagrupamento (com três algarismos)

Um teatro tem capacidade para 378 pessoas. Já chegaram 243 pessoas. Quantos lugares ainda há para serem ocupados?

Para efetuar esse cálculo, vamos usar o Material Dourado.

Representamos 378 com o Material Dourado e riscamos 243.

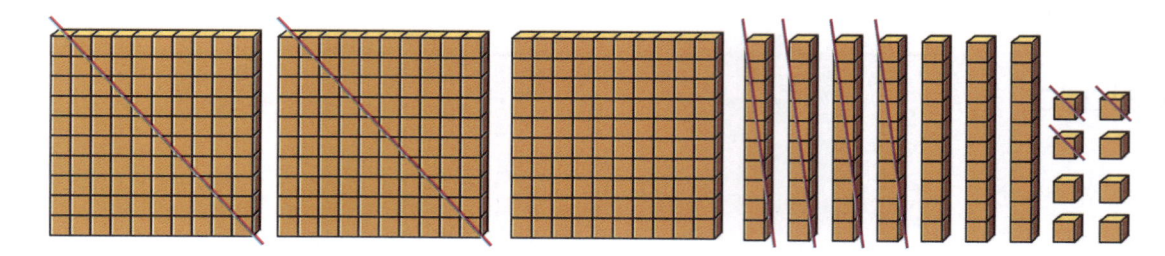

Sobram sem riscar:

⟶ 135

Representamos essa subtração assim:

_____ – _____ = _____   ou

Há ainda para serem ocupados _____ lugares.

ATIVIDADES

1 Resolva as subtrações no quadro de ordens.

a) 788 − 61 = _____

C	D	U

b) 398 − 72 = _____

C	D	U

2 Observe os exemplos e calcule mentalmente.

325 − 25 = 300   490 − 80 = 410   790 − 280 = 510

a) 435 − 35 = _____

b) 546 − 46 = _____

c) 787 − 87 = _____

d) 570 − 60 = _____

e) 460 − 50 = _____

f) 840 − 30 = _____

g) 870 − 460 = _____

h) 790 − 480 = _____

i) 650 − 440 = _____

3 Calcule a quantia que sobrou na carteira de Paulo depois que ele pagou uma dívida.

Paulo tinha:	Pagou uma dívida de:	Sobrou na carteira:
4 notas de 100, 2 notas de 10, 8 moedas	2 notas de 100, 1 nota de 10, 3 moedas de 10	?

_____ − _____ = _____

Sobrou na carteira de Paulo a quantia de _____ reais.

4 Arme e efetue.

a) 525 – 204

b) 647 – 320

c) 999 – 789

d) 978 – 432

e) 710 – 510

f) 378 – 152

g) 874 – 241

h) 897 – 736

PROBLEMAS

1 Luan é mestre de obras. Ele recebeu 46 sacos de cimento ontem e 68 sacos de cimento hoje.
Quantos sacos de cimento ele recebeu hoje a mais do que ontem?

Cálculo

Resposta: _____

2 Uma lanchonete encomendou 237 latas de suco normal e 106 latas de suco *light*.
Quantas latas de suco normal foram encomendadas a mais do que de suco *light*?

Cálculo

Resposta: _____

3 Paula tem 35 figurinhas e perdeu 23 numa brincadeira.
Quantas figurinhas Paula tem agora?

Cálculo

Resposta: _____

123

Subtração com reagrupamento

Usando Material Dourado

André comprou um livro para seu pai. O livro custou 28 reais, e André pagou com uma nota de 50 reais. Quanto recebeu de troco?

50 − 28 = ?

Vamos representar os 50 reais e o preço do livro com cubinhos e barras.

André tem: 50 reais.
5 dezenas

Preço do livro: 28 reais.
2 dezenas e 8 unidades

Para tirar 2 dezenas e 8 unidades de 5 dezenas, podemos tirar as 2 dezenas diretamente, mas como tiramos as 8 unidades? Vamos trocar 1 dezena por 10 unidades.

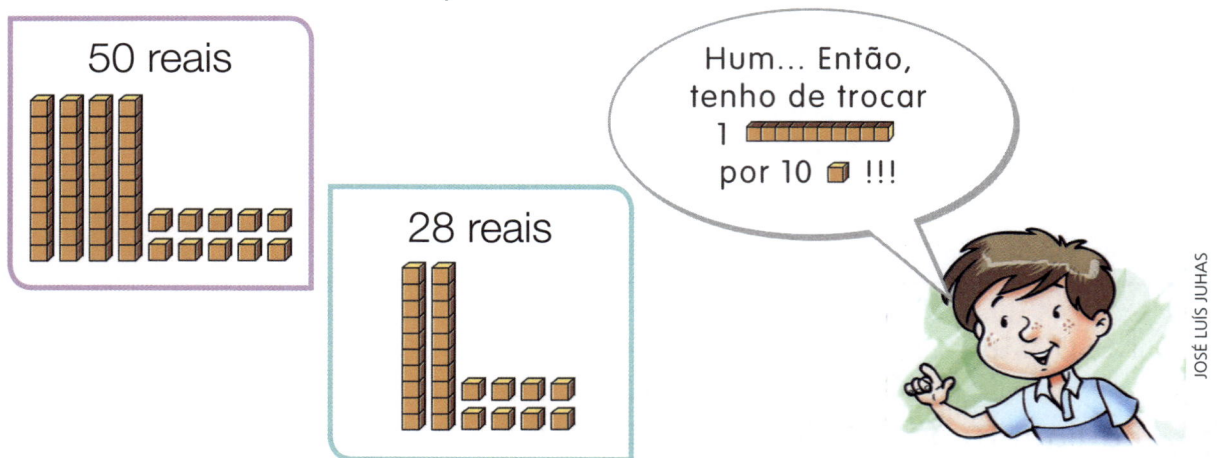

50 reais

28 reais

Hum... Então, tenho de trocar 1 ▭ por 10 ◼ !!!

Agora, efetuamos a subtração. Observe.

50 reais

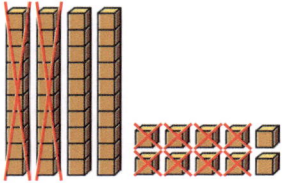

- Vamos retirar 2 dezenas e 8 unidades.
- Sobram, então, 2 dezenas e 2 unidades.
- Resposta: André recebeu de troco 22 reais.

Usando o algoritmo

	D	U
	5	0
−	2	8

→

	D	U
	⁴5̶	¹⁰0̶
−	2	8
	2	2

- Trocamos 1 dezena por 10 unidades.
- Ficamos com 4 dezenas e 10 unidades.
- Agora, efetuamos a subtração.

Veja outro exemplo.

As turmas do 3º ano do Colégio Caminho Feliz farão uma excursão ao jardim zoológico. São 65 alunos no total e apenas 29 fizeram a inscrição.

Quantos alunos ainda não fizeram a inscrição?

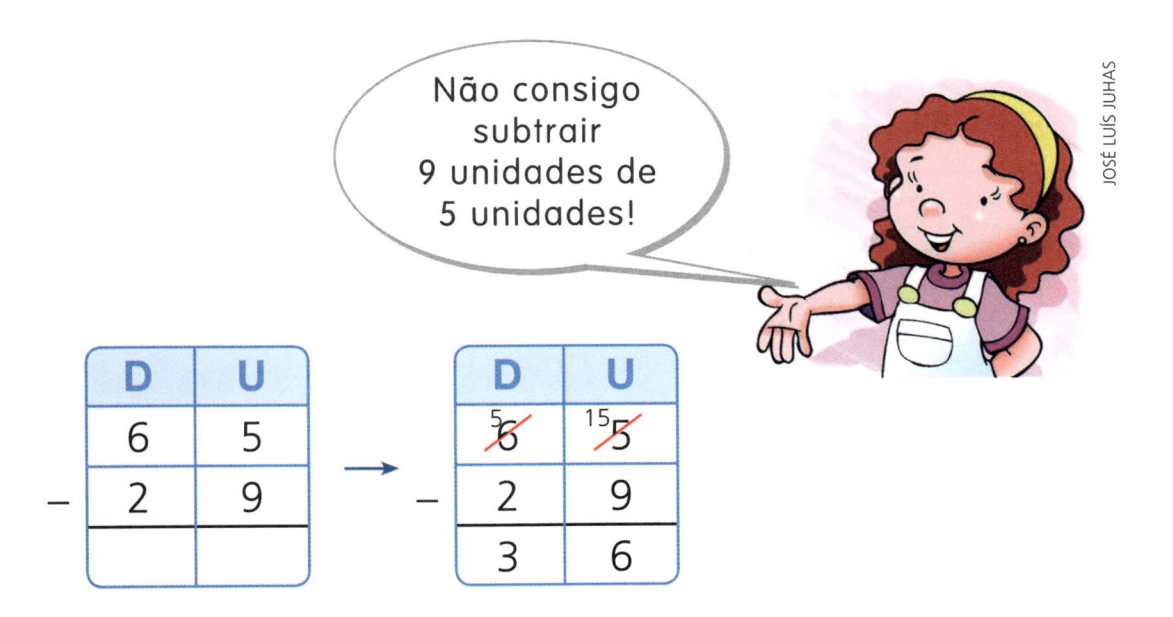

Não consigo subtrair 9 unidades de 5 unidades!

	D	U
	6	5
−	2	9

→

	D	U
	⁵6̶	¹⁵5̶
−	2	9
	3	6

- Trocamos 1 dezena por 10 unidades, então ficamos com 5 dezenas e 15 unidades.
- Agora, posso subtrair 9 unidades de 15 unidades: $15 - 9 = 6$.
- Depois, subtraio 2 dezenas de 5 dezenas.
- Assim, chegamos à resposta: 36 alunos não fizeram a inscrição.

Subtração por decomposição

Podemos resolver a subtração usando o número em sua forma decomposta.

Observe como se faz a subtração 356 − 124.

Armamos a operação com os números em sua forma decomposta.

$$\begin{array}{r} 300 + 50 + 6 \\ -\ 100 + 20 + 4 \\ \hline 200 + 30 + 2 \end{array}$$

Portanto, 356 − 124 = 232.

ATIVIDADES

1 Agora é a sua vez. Efetue as subtrações trabalhando com os números na forma decomposta.

a) 86 − 51 = 35

$$\begin{array}{r} 80 + 6 \\ -\ 50 + 1 \\ \hline 30 + 5 \end{array}$$

b) 374 − 52 = _____

$$\begin{array}{r} 300 + 70 + 4 \\ -\ 50 + 2 \\ \hline \end{array}$$

c) 539 − 428 = _____

$$\begin{array}{r} 500 + 30 + 9 \\ -\ 400 + 20 + 8 \\ \hline \end{array}$$

d) 257 − 134 = _____

$$\begin{array}{r} 200 + 50 + 7 \\ -\ 100 + 30 + 4 \\ \hline \end{array}$$

e) 692 − 251 = _____

$$\begin{array}{r} 600 + 90 + 2 \\ -\ 200 + 50 + 1 \\ \hline \end{array}$$

f) 936 − 425 = _____

$$\begin{array}{r} 900 + 30 + 6 \\ -\ 400 + 20 + 5 \\ \hline \end{array}$$

2 Efetue as subtrações utilizando o algoritmo.

a)
```
   7 1
 - 4 5
 ─────
```

b)
```
   8 4
   1 9
 ─────
```

c)
```
   5 3
 - 3 4
 ─────
```

3 Efetue as subtrações de duas maneiras: usando o Material Dourado e o algoritmo.

a)
```
   8 1
 - 4 5
 ─────
```

b)
```
   5 7
 - 3 9
 ─────
```

c)
```
   7 1
 - 4 6
 ─────
```

d)
```
   9 3
 - 6 5
 ─────
```

e) $\begin{array}{r} 2\ 4 \\ -\ 1\ 7 \\ \hline \end{array}$

f) $\begin{array}{r} 3\ 0 \\ -\ 1\ 2 \\ \hline \end{array}$

4 Calcule mentalmente.

a) 9 para 12 faltam _____.

b) 7 para 14 faltam _____.

c) 4 para 11 faltam _____.

d) 8 para 14 faltam _____.

e) 6 para 11 faltam _____.

f) 8 para 16 faltam _____.

5 Complete com os números que estão faltando.

a) $\begin{array}{r} 5\ 2 \\ -\ 1\ \square \\ \hline 3\ 6 \end{array}$

b) $\begin{array}{r} 5\ 0 \\ -\ 2\ \square \\ \hline 2\ 5 \end{array}$

c) $\begin{array}{r} 7\ 6 \\ -\ 4\ 8 \\ \hline 2\ \square \end{array}$

d) $\begin{array}{r} 5\ 1 \\ -\ 3\ 8 \\ \hline \square\ 3 \end{array}$

e) $\begin{array}{r} 3\ 2 \\ -\ 1\ \square \\ \hline 1\ 4 \end{array}$

f) $\begin{array}{r} 6\ 3 \\ -\ \square\ 9 \\ \hline 4\ 4 \end{array}$

g) $\begin{array}{r} 7\ 1 \\ -\ 4\ \square \\ \hline 2\ 7 \end{array}$

h) $\begin{array}{r} 9\ 4 \\ -\ 3\ 6 \\ \hline \square\ 8 \end{array}$

i) $\begin{array}{r} 6\ 1 \\ -\ 2\ 9 \\ \hline 3\ \square \end{array}$

Converse com seus amigos e conte como você resolveu.

PROBLEMAS

1 Um artista plástico criou 54 bonecos gigantes para o carnaval de Olinda, em Pernambuco. Desse total, 25 serão expostos em seu ateliê. Quantos bonecos gigantes não serão expostos em seu ateliê?

Cálculo

Resposta: _____

2 Na semana que vem haverá a entrega de um prêmio cultural no Teatro Amazonas, em Manaus. Para o jantar, que acontecerá após a entrega dos prêmios, foram convidadas 8 dezenas de pessoas. Somente 6 dezenas e meia confirmaram presença. Quantas pessoas não comparecerão ao jantar?

Cálculo

Resposta: _____

3 Júlia quer comprar uma bicicleta que custa R$ 300,00, mas só tem R$ 270,00. Quanto ainda lhe falta para poder comprar a bicicleta?

Cálculo

Resposta: _____

4 Felipe e Roberto colecionam bolinhas de gude. Felipe tem 222 bolinhas de gude e Roberto tem 170. Quantas bolinhas de gude Felipe tem a mais que Roberto?

Cálculo

Resposta: _____

5 A nota fiscal da loja de eletrodomésticos veio com uma mancha de tinta.

Descubra quanto foi pago pelo liquidificador.

ELETRODOMÉSTICOS	NOTA FISCAL Nº 089	
1	forno elétrico	R$ 299,00
1	batedeira de bolo	R$ 110,00
1	liquidificador	
	Total	R$ 659,00

Faça seu cálculo no espaço abaixo.

Cálculo

Resposta: _____

6 Igor está lendo um livro com 364 páginas. Ele já leu 127. Quantas páginas faltam para Igor terminar a leitura?

Cálculo

Resposta: _____

7 Em um ônibus havia 48 passageiros. Na primeira parada, subiram 36 e desceram 15. Quantos passageiros ficaram no ônibus?

Cálculo

Resposta: _____

8 Ana, Gustavo e Dedé têm juntos 50 anos. Ana tem 16 anos e Dedé, 18. Quantos anos tem Gustavo?

Cálculo

Resposta: _____

9 Nos três prédios de uma empresa há 983 funcionários. No primeiro prédio há 328 funcionários e no segundo há 263. Quantos funcionários há no terceiro prédio?

Cálculo

Resposta: _____

EU GOSTO DE APRENDER MAIS

Leia a situação abaixo.

As turmas de alunos do 2º ano da escola Criança do Futuro coletaram latinhas de alumínio para a campanha ecológica da Feira de Ciências. Ontem eles coletaram 549 latinhas e hoje foram coletadas 363.

Você observou que está faltando uma pergunta na situação acima de modo que ela se torne um problema?

a) Em cada caso, escolha a pergunta que torna a situação um problema para ser revolvido com uma operação de:

adição	subtração
☐ Quantas latinhas foram vendidas?	☐ Quantas latinhas foram coletadas pelos alunos dos 1ºˢ anos?
☐ Quantas latinhas foram coletadas ontem e hoje?	☐ Quantas latinhas foram coletadas ontem?
☐ Quantas latinhas foram coletadas hoje?	☐ Quantas latinhas foram coletadas ontem a mais do que hoje?

b) Agora, resolva cada um dos problemas.

Problema de adição

Resposta: _____

Problema de subtração

Resposta: _____

1 Leia a situação a seguir:

Carla adora tirar fotos com seu celular. Na galeria de fotos do celular, há 387 fotos com os amigos e 436 com os familiares.

a) Elabore uma pergunta para essa situação que, para ser respondida, você precise calcular o resultado de uma adição.

Pergunta: _____

b) Resolva o problema e complete a resposta.

Resposta: _____

2 Leia esta outra situação:

A tartaruga-gigante-de-Galápagos pode viver até 175 anos e o tubarão-da-Groenlândia pode viver até 410 anos.

a) Elabore uma pergunta para essa situação que, para ser respondida, você precise calcular o resultado de uma subtração.

Pergunta: _____

b) Resolva o problema e complete a resposta.

Resposta: _____

Verificação da adição e da subtração

Observe:

```
  26  minuendo              14   subtraendo
- 14  subtraendo      →   + 12   diferença
  12  diferença             26   minuendo
```

> Para saber se uma subtração está correta, adicionamos a diferença ao subtraendo. O resultado deverá ser o minuendo.

Agora, observe esta outra operação.

```
  75  ⟋ parcelas           99
+ 24 ⟋              →    - 24
  99 —— soma               75
```

> Para saber se uma adição está correta, subtraímos da soma uma das parcelas. O resultado será a outra parcela.

Veja outros exemplos.

```
  65              38            44              17
- 38      →    + 27          - 17      →    + 27
  27              65            27              44
```

```
  72              46            38              19
- 46      →    + 26          - 19      →    + 19
  26              72            19              38
```

ATIVIDADES

1 Resolva as operações e verifique se o resultado está correto.

a) 8 1
   − 4 5
   ─────

b) 3 2 8
   + 2 5 7
   ───────

c) 1 7 3
   + 2 1 9
   ───────

d) 5 7 0
   − 2 5 5
   ───────

e) 4 1 8
   + 3 3 5
   ───────

f) 4 9 4
   − 1 4 9
   ───────

2 Resolva as operações, usando o quadro de ordens e, em seguida, verifique o resultado.

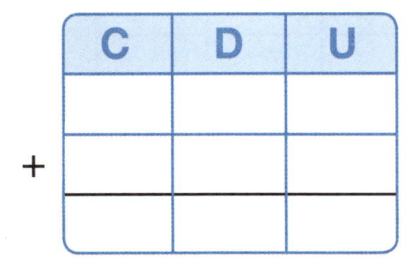

a) 315 + 167 = _____

b) 388 + 257 = _____

C	D	U

+

C	D	U

+

C	D	U

−

C	D	U

−

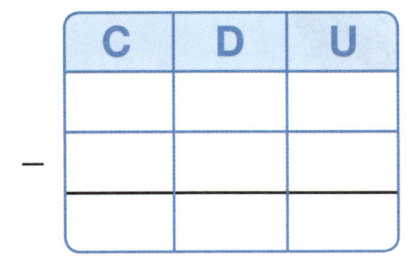

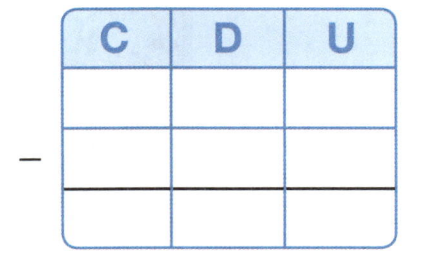

c) 173 + 269 = _____

C	D	U
+		

C	D	U
−		

d) 500 − 250 = _____

C	D	U
−		

C	D	U
+		

e) 418 + 385 = _____

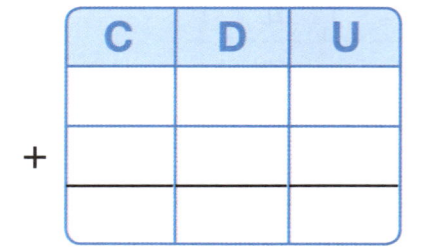

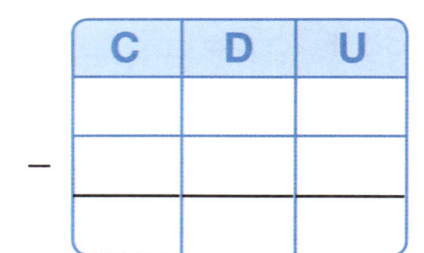

C	D	U
+		

C	D	U
−		

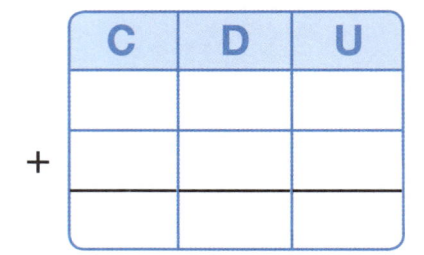

f) 449 − 144 = _____

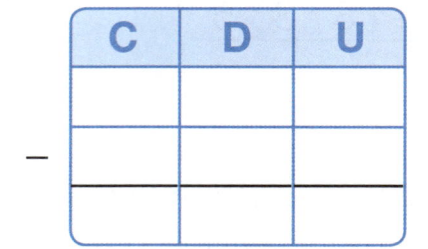

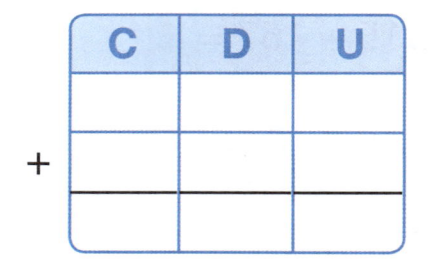

C	D	U
−		

C	D	U
+		

JOSÉ LUIS JUHAS

3 Pinte a figura de acordo com o resultado dos cálculos.

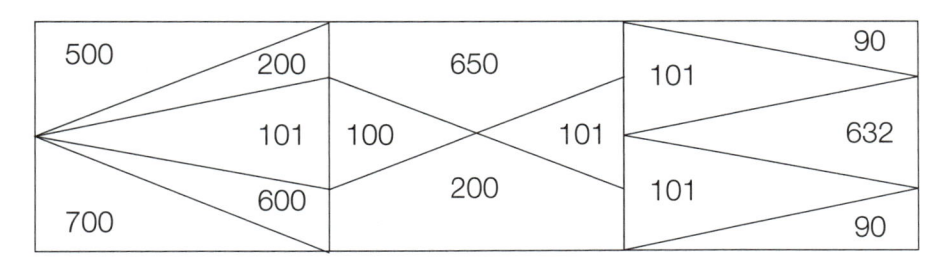

500		200		650		101		90
	101		100		101			632
700		600		200		101		90

Calcule mentalmente:

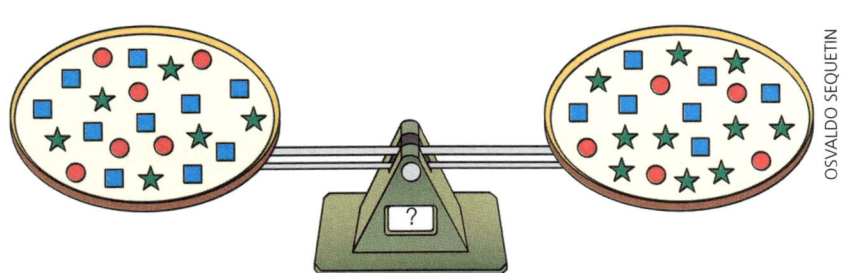

200 + 300 = _____ 🟨

30 + 70 = _____ 🟪

99 + 1 + 1 = _____ ⬛

800 − 150 = _____ 🟦

150 + 150 + 150 + 150 = _____ 🟧

30 + 30 + 30 = _____ 🟫

230 − 30 = _____ 🟥

600 + 100 = _____ 🟩

600 + 30 + 2 = _____ 🟥

DESAFIO

- 🔴 Pesa 50 quilos
- ⭐ Pesa 20 quilos
- 🟦 Pesa 10 quilos

Qual dos lados da balança pesa mais?

Resposta: _____

LIÇÃO 11

NÚMEROS PARES E NÚMEROS ÍMPARES

Você sabe dançar?
Veja as crianças. Elas estão se divertindo.
Agora, observe atentamente e responda.

WASTERESLEY LIMA

- Quantas duplas estão dançando?
- Sobrou alguém sem par?

> Os números **pares** são aqueles que formam grupos de 2 e não sobra nenhum elemento.
> Os números **ímpares** são aqueles que, ao se formarem grupos de 2, sempre sobra um elemento.

Vamos conferir quais são os números pares e quais são os números ímpares.

- Agrupe de 2 em 2, conte os elementos de cada coleção e escreva se o número é par ou ímpar.

2 é **par**

3 é **ímpar**

_____

_____

_____

_____

_____

_____

Podemos dizer que 2, 4, 6 e 8 são números **pares**. Já os números 1, 3, 5, 7 e 9 são números **ímpares**.

Números pares e números ímpares com dois algarismos

Conte os elementos e escreva quais números são pares e quais são ímpares.

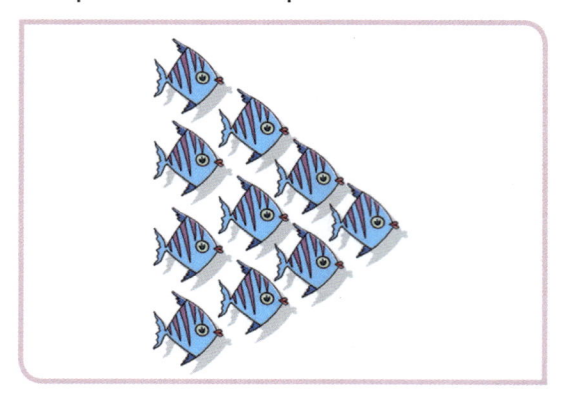

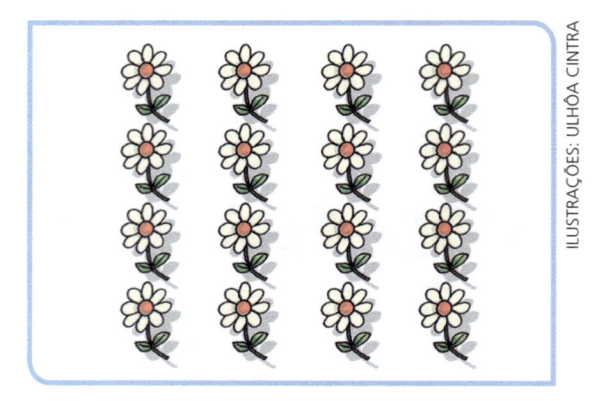

10 é par.

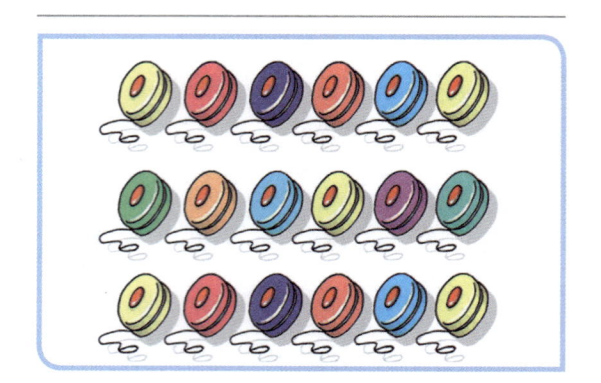

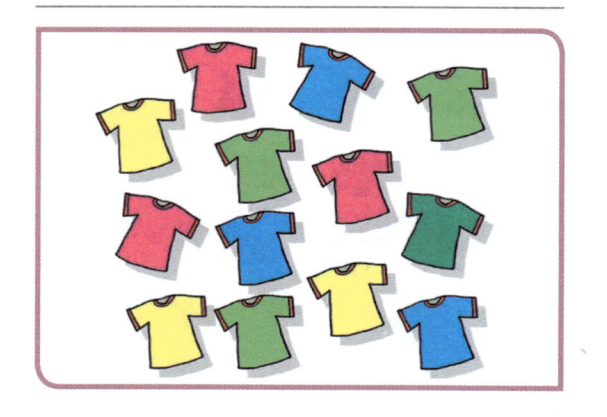

Os números que terminam em 0, 2, 4, 6 e 8 são **pares**.
Os números que terminam em 1, 3, 5, 7 e 9 são **ímpares**.

ATIVIDADES

1 Complete a sequência adicionando e subtraindo. Pinte de azul os números pares e de verde os números ímpares.

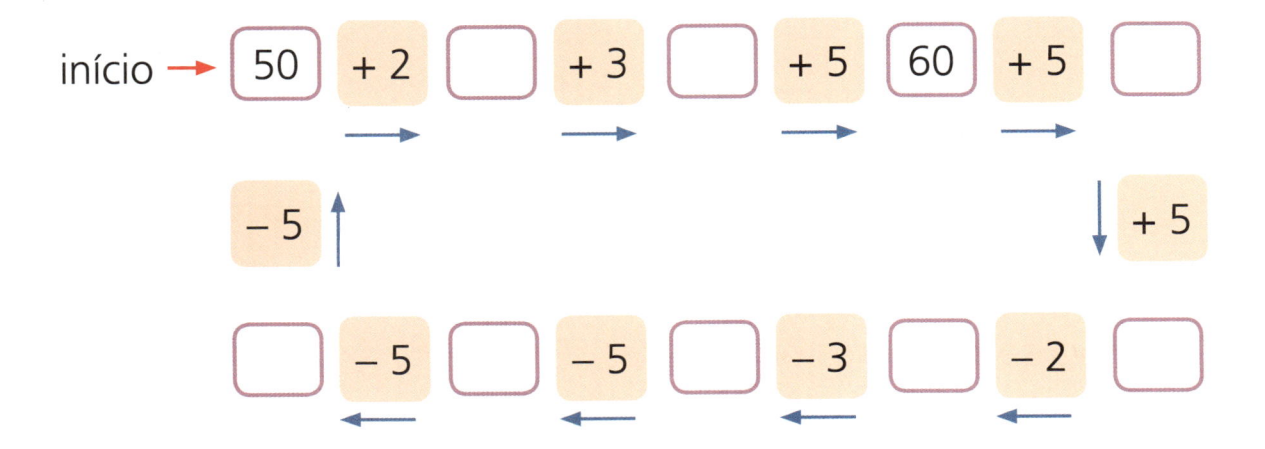

início → [50] + 2 [ ] + 3 [ ] + 5 [60] + 5 [ ]

− 5 ↑ ↓ + 5

[ ] − 5 [ ] − 5 [ ] − 3 [ ] − 2 [ ]

2 Escreva o número que está representado pelo Material Dourado e indique se ele é par ou ímpar.

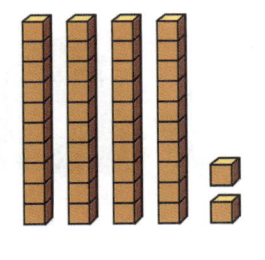

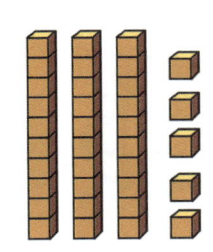

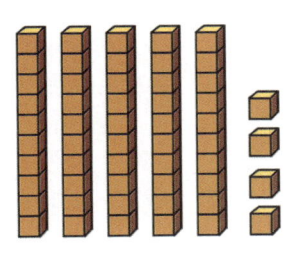

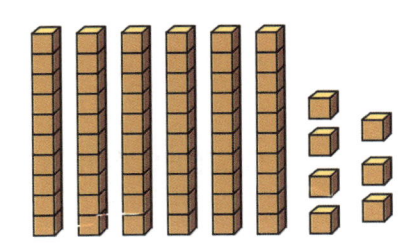

_____   _____

_____   _____

3 Escreva como você reconhece um número par.

_____

_____

4 Escreva como você reconhece um número ímpar.

_____

_____

5 Escreva se são pares ou ímpares.

123   386   471   447   320   188

_____   _____   _____   _____   _____   _____

530   273   285   524   114   333

_____   _____   _____   _____   _____   _____

6 Escreva os números pares entre 120 e 150.

_____

7 Escreva os números ímpares entre 239 e 269.

_____

_____

8 Separe os números pares dos números ímpares.

133	26	48	192	237	220	191	79	414	565	112
13	18	59	162	489	330	865	41	27	148	33

Pares	Ímpares

9 Descubra a regra e continue cada sequência.

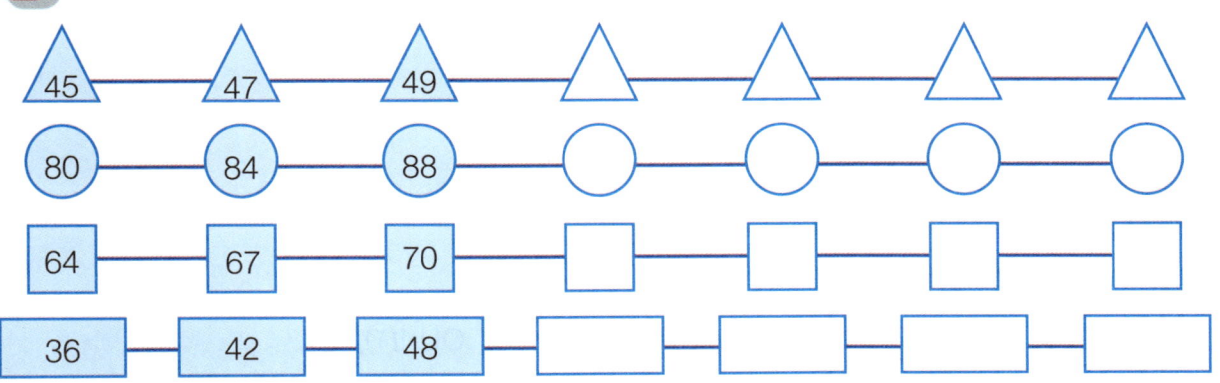

△ 45 — △ 47 — △ 49 — △ — △ — △ — △

◯ 80 — ◯ 84 — ◯ 88 — ◯ — ◯ — ◯ — ◯

▢ 64 — ▢ 67 — ▢ 70 — ▢ — ▢ — ▢ — ▢

▭ 36 — ▭ 42 — ▭ 48 — ▭ — ▭ — ▭ — ▭

10 Escreva em cada ⬭ um número formado por:

a) 2 algarismos e que seja par.

b) 3 algarismos e que seja ímpar.

c) 3 algarismos e que seja par.

11 Responda.

a) Você reside em casa ou apartamento? _____

Qual é o número da casa ou do edifício em que você mora? _____

Esse número é par ou ímpar? _____

b) Quantos alunos há em sua sala de aula? _____

Esse número é par ou ímpar? _____

Há quantos meninos? _____

Há quantas meninas? _____

Há mais meninos ou meninas? _____

Quantos(as) a mais? _____

DESAFIO

PAR OU ÍMPAR

Você já sabe quando o número é par ou ímpar.

Agora, você terá um desafio para não ter mais dúvida sobre esses números. Investigue as seguintes situações.

1 Some um número par a um número ímpar. O resultado obtido será um número par ou ímpar? _____

2 Some dois números ímpares. O resultado será um número par ou ímpar? _____

3 Escreva o que você observou.

_____

_____

LIÇÃO 12

SÓLIDOS GEOMÉTRICOS E FIGURAS PLANAS

Sólidos geométricos

Observe a cena de aniversário de Caique.

Associe os objetos da festa às figuras geométricas correspondentes.

Veja algumas figuras geométricas e seus nomes.

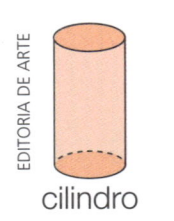

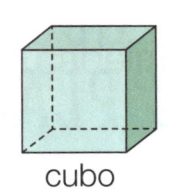

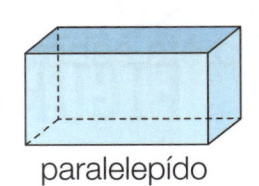

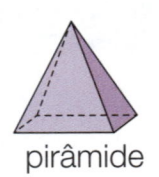

cilindro   cone   esfera   cubo   paralelepído   pirâmide

Essas figuras são chamadas de **sólidos geométricos**.

ATIVIDADES

1 A professora Camila levou para a sala de aula umas peças de madeira que lembram sólidos geométricos. Ligue cada figura de uma coluna a seu correspondente na outra coluna.

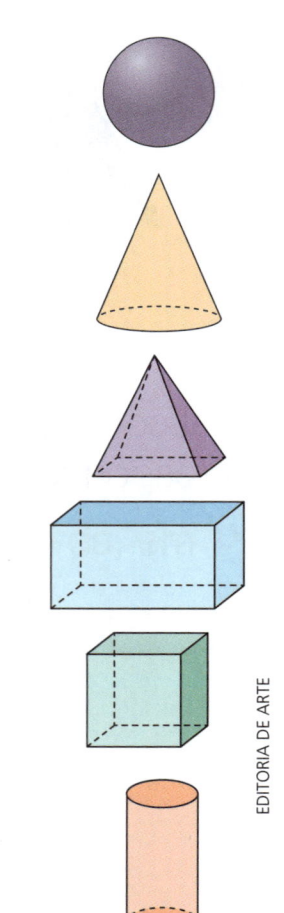

2 Luana abriu uma caixa de sabonete, que lembra um paralelepípedo. Veja como ela fez.

1. Ela pegou a caixinha que ainda estava montada...

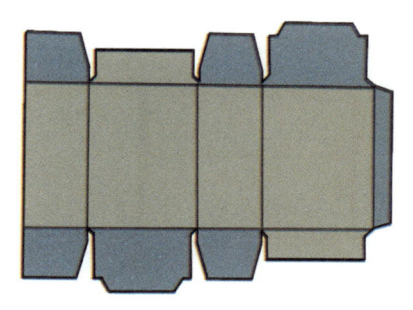

2. ... abriu a embalagem até ficar totalmente "achatada".

3. Depois ela recortou as abas de encaixe da embalagem e obteve esses pedaços.

Apresentamos ao lado uma composição dessas 6 figuras planas, que representa a **planificação** do paralelepípedo.

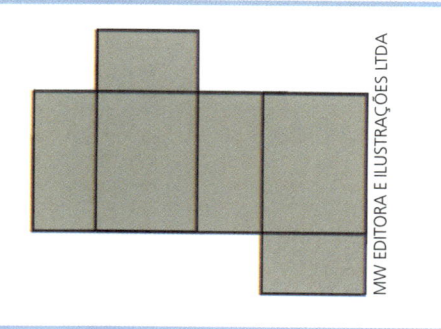

Agora, recorte do Almanaque a peça da página 243 e, com fita adesiva, monte a caixa que representa o paralelepípedo.

3 Observe essa outra caixa que Luana abriu.

Essa caixa tem a forma de um cubo.

Apenas uma das figuras representa uma planificação do cubo. Qual é ela? Marque com um **X**.

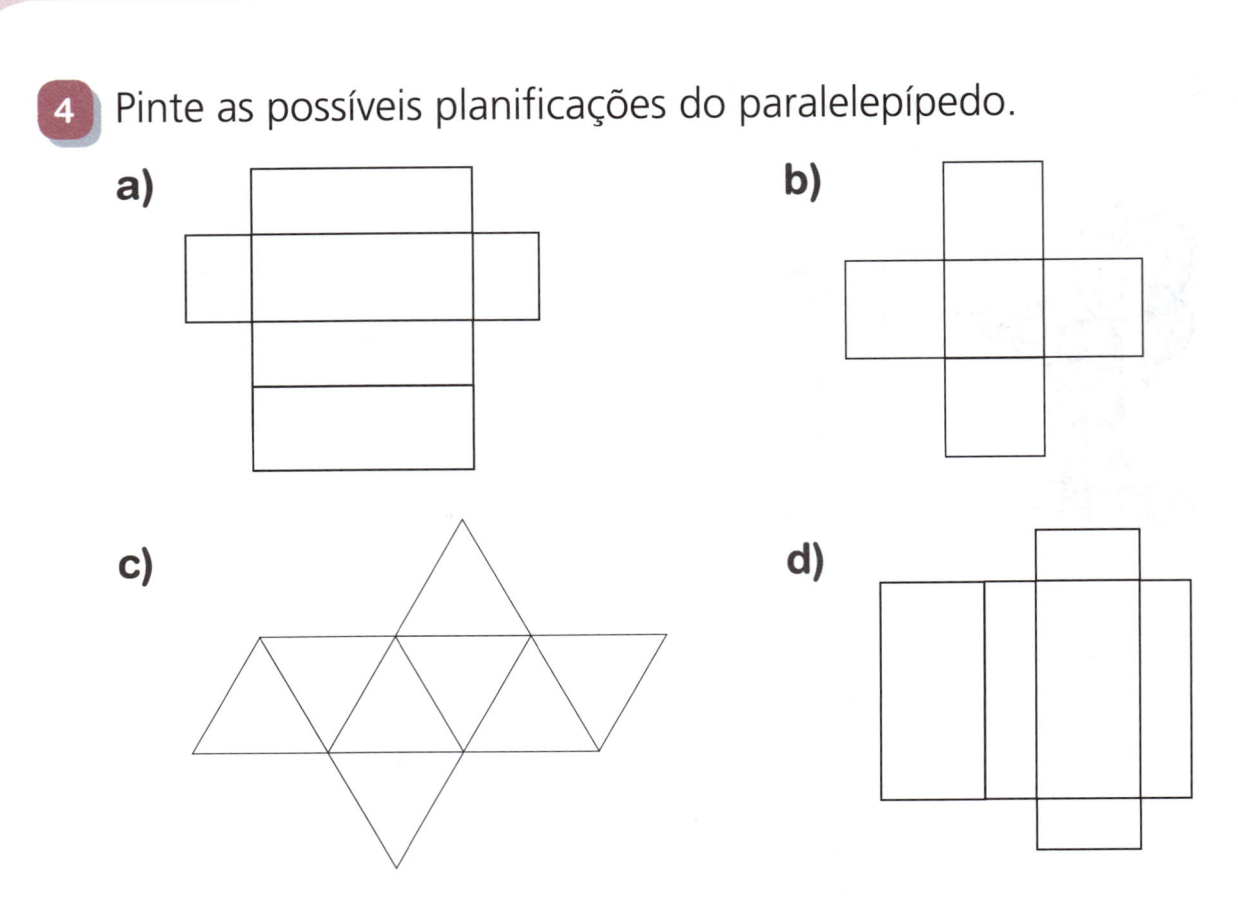

4 Pinte as possíveis planificações do paralelepípedo.

a)

b)

c)

d)

5 Recorte a planificação do cubo da página 245 do Almanaque e monte-o. Depois, pegue o paralelepípedo que você montou na atividade 2.

Observe o cubo e o paralelepípedo que você montou e escreva as semelhanças e as diferenças que você e seus colegas percebem entre esses dois sólidos.

Semelhanças	Diferenças

Figuras planas

Cada sólido geométrico foi apoiado sobre uma folha de papel e contornado com o lápis. Veja as figuras obtidas.

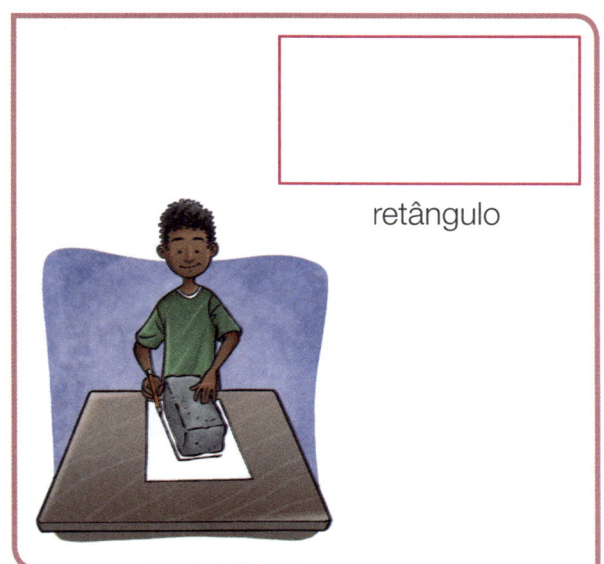

quadrado

retângulo

triângulo

círculo

Quadrado, retângulo, triângulo e círculo são **figuras geométricas planas**.

ATIVIDADES

1 Circule as figuras geométricas que são planas.

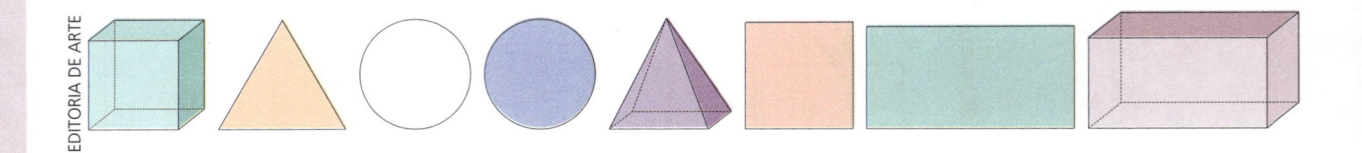

2 Faça um **X** nas figuras planas que compõem o paralelepípedo.

150

3 Observe as figuras planas a seguir e pinte de acordo com a legenda.

■ Triângulos.   ■ Quadrados.   ■ Círculos.   ■ Retângulos.

4 Retire as figuras planas da página 257 de adesivos e cole-as de acordo com as orientações.

Forme 1 retângulo usando 4 triângulos azuis.

Forme 1 retângulo usando 2 quadrados amarelos.

Forme 1 quadrado usando 2 triângulos verdes.

LIÇÃO 13

PENSAMENTO ALGÉBRICO

Você já observou um semáforo em funcionamento e prestou atenção na ordem em que as cores mudam?

Semáforo, também conhecido como sinal, sinaleiro ou farol.

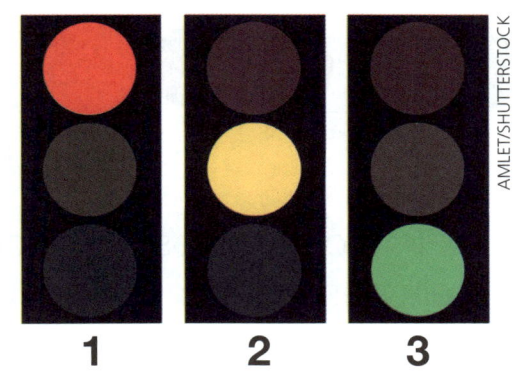

Cores do semáforo veicular.

Se você ficar por um tempo observando, verá que ele obedece a uma ordem na troca das cores, conforme o esquema:

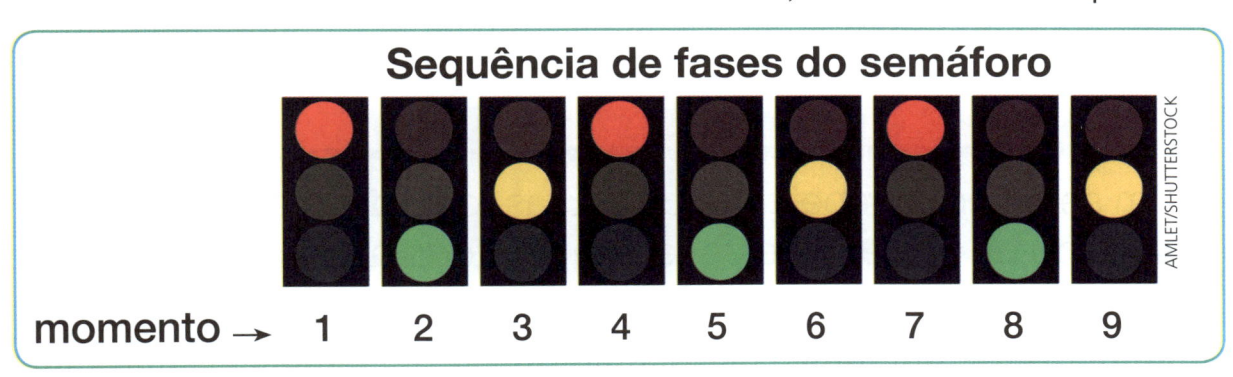

Sequência de fases do semáforo

momento → 1 2 3 4 5 6 7 8 9

- Continuando essa sequência, você sabe dizer qual cor mostrará o semáforo no 10º momento?
- Depois do 9º, em qual momento aparecerá o próximo verde?

Os semáforos mudam de uma fase para outra obedecendo a uma ordem representada pelas cores: vermelha, verde, amarela, vermelha, verde, amarela...

Sequências repetitivas de figuras

Renata desenhou uma sequência de círculos. Alguns círculos ficaram sem cor:

- Pinte os círculos sem cor para completar a sequência que ela desenhou.

- Circule uma parte da sequência que sempre se repete.

- Conte quantos elementos (círculos) Renata desenhou na sequência toda.

- Nessa sequência, quantos elementos há na parte que se repete?

Em sequências repetitivas de figuras, o **padrão** é o grupo seguido de figuras que se repete por toda a sequência.
A sequência é composta de **elementos** ou **termos**.
O **primeiro termo** da sequência acima é o círculo verde.
O **termo posterior** ao círculo amarelo é o círculo vermelho.
O **termo anterior** ao círculo amarelo é o círculo verde.

Observando o desenho de Renata e a sequência de cores, temos a ideia de uma **sequência repetitiva**.

ATIVIDADES

1 Observe as sequências a seguir.

Sequência 1

Sequência 2 | A | B | C | A | B | C | A | B | C |

Sequência 3 | 1 | 2 | 3 | 1 | 2 | 3 | 1 | 2 | 3 |

O que elas têm em comum? E o que elas têm de diferentes?

_____

_____

_____

_____

2 Observe a sequência abaixo.

De acordo com o padrão que você percebeu, pinte o círculo do último termo.

3 Observe a sequência e desenhe o próximo termo.

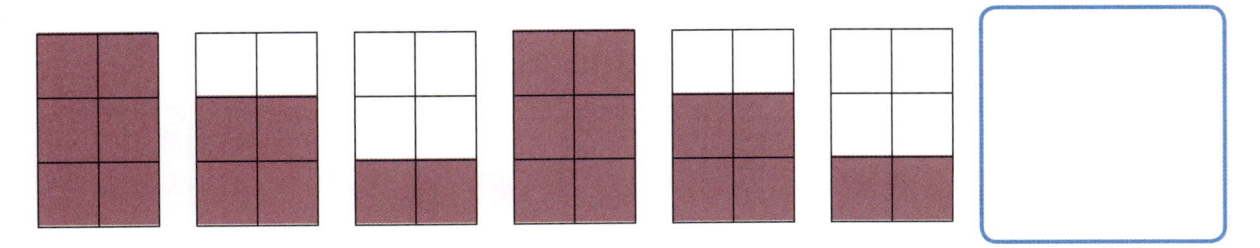

4 Observe a sequência.

★ ■ ● ★ ■ ● ★ ■ ● ★ ■ ●

a) Qual é o padrão dessa sequência? Circule.

b) Quantos termos tem essa sequência? _____

c) Quantos termos tem o padrão dessa sequência? _____

d) Qual é o termo inicial? Desenhe-o.

5 Arthur construiu uma sequência com placas de trânsito.

a) Circule o padrão dessa sequência.

b) Imagine que Arthur vai continuar essa sequência acrescentando mais alguns termos ao final dela. Desenhe abaixo o 9º e o 10º termos.

6 Complete a sequência com os termos que faltam.

As sequências que você vai estudar a seguir são também repetitivas, mas **não** são de figuras. Elas podem ser sequências numéricas e de letras.

7 Observe a sequência composta de cartões.

| 1 | 0 | 0 | 0 | 1 | 0 | 0 | 0 | 1 | 0 | | | |

a) Qual é o padrão dessa sequência? _____

b) Escreva os números dos três cartões ausentes. _____

8 Observe a sequência abaixo.

2   3   5   5   7   2   3   5   5   7

a) Qual é o padrão dessa sequência? _____.

b) Qual é o termo inicial dessa sequência _____.

c) Qual é o termo anterior ao número 3? _____.

d) Qual é o termo posterior ao número 3? _____.

e) Imagine que vamos continuar essa sequência. Qual é o 11º termo? E o 12º termo? _____.

9 Observe a sequência de letras.

| A | B | B | C | | B | B | C | A | | | |

a) Complete a sequência com os termos que estão faltando.

b) Qual é o padrão dessa sequência? _____.

c) Qual é o termo inicial dessa sequência? _____.

157

Sequências recursivas

Observe o que Natan fez com os cubinhos.

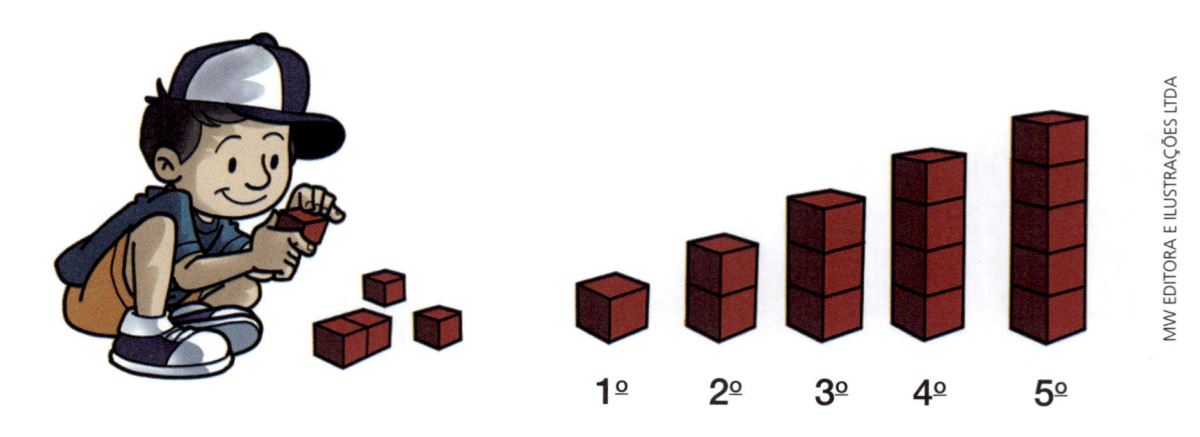

1º 2º 3º 4º 5º

- Essa sequência, composta de torres de cubinhos, está na ordem crescente ou decrescente de tamanho?
- Quantos termos tem essa sequência?
- Qual é o termo posterior à torre que tem 4 peças?
- O que você observa nessa sequência? Há algum termo repetido nela?

A sequência construída por Natan acrescenta um cubinho a cada novo termo, ou seja, soma 1.

Veja agora outra sequência feita por Natan.

1º 2º 3º 4º

- Quantas peças de montar há na primeira torre? E na segunda? E na terceira? E na quarta?

> Sequências como essa são chamadas de **sequências recursivas**.

LIÇÃO 14

LOCALIZAÇÃO E MOVIMENTAÇÃO

Pedro vai guardar alguns brinquedos que estão espalhados pela sala de sua casa.

- Circule o brinquedo que está entre a caixa e a boneca. Qual brinquedo você circulou?

- Qual brinquedo está à direita de Pedro?

  ☐ peteca   ☐ tambor   ☐ boneca

- Complete as frases a seguir.

A boneca está _____ da mesa e à _____ de Pedro.

O ursinho está _____ da caixa e _____ da mesa.

Orientação e localização

Para o desfile de talentos da escola, os pequenos músicos formaram uma fila e seguiram tocando.

- A fila de músicos está indo em qual sentido?

  ☐ Da direita para a esquerda.

  ☐ Da esquerda para a direita.

- Circule o cachorro que está caminhando no sentido contrário dos demais na fila.
- Que instrumento toca a menina que está com o pé direito levantado?

ATIVIDADES

1 Desenhe um pandeiro na mão esquerda da menina.

2 Marque um [x] no cachorro que está do lado esquerdo da menina e do lado direito do menino.

3 Veja alguns objetos organizados no quarto de Bárbara.

Complete as frases com as palavras dos quadros a seguir.

| de baixo | de cima | antes | depois | entre |

a) O dado está na prateleira _____.

b) O cubo mágico está na prateleira _____.

c) O dado está _____ o livro de Ciências e o vaso.

d) Da esquerda para a direita, o cubo mágico está _____ do dicionário.

e) Da esquerda para a direita o cubo mágico está _____ do porta-lápis.

Movimentação

Sílvio deseja ir ao banco. Ele pediu ajuda ao senhor que está ao lado dele para empurrar a cadeira de rodas até chegar lá.

- De que lado de Sílvio está o senhor que vai ajudá-lo: do lado direito ou esquerdo?
- Descreva o trajeto que o senhor vai fazer para levá-lo até o banco usando termos como: à direita, à esquerda, em frente etc.

Quando vamos descrever a **movimentação** (ou o **deslocamento**) de pessoas ou de objetos no espaço, usamos termos como: seguir em frente, virar à direita, virar à esquerda, dar tantos passos, andar tantas quadras etc.

ATIVIDADES

1 Veja um esquema que representa o segundo andar da escola de Beatriz.

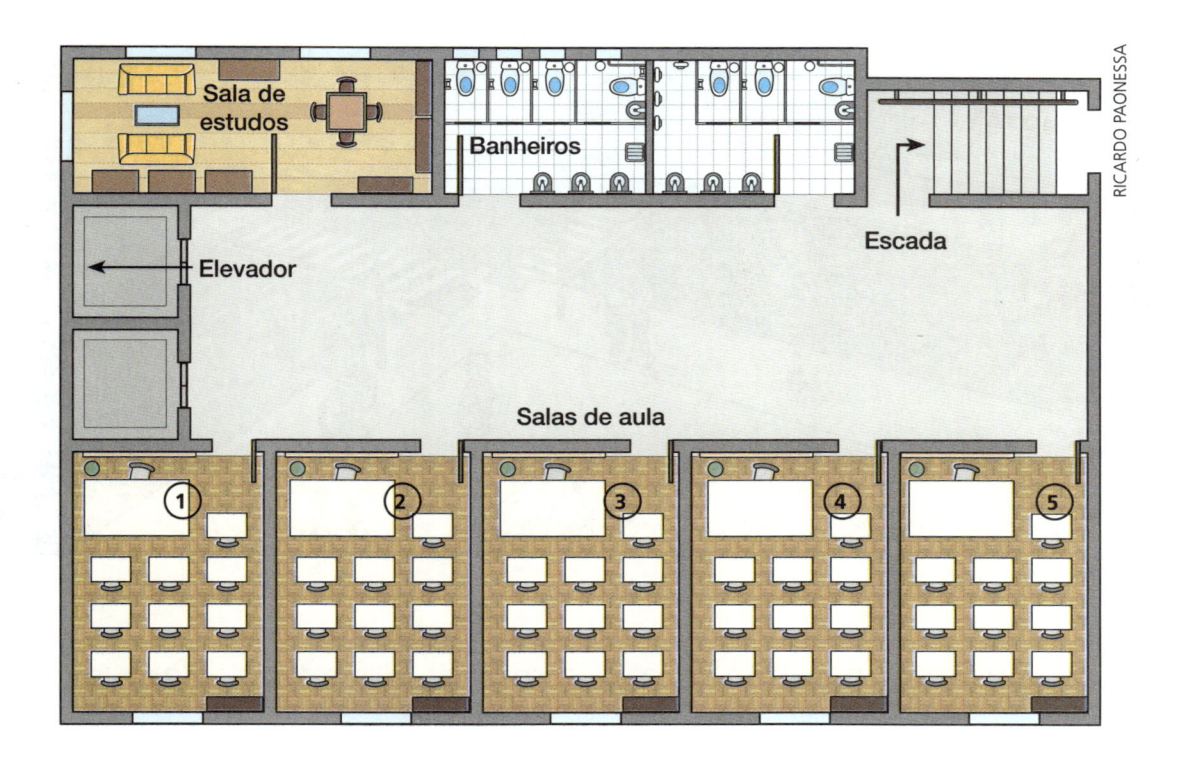

a) De que maneiras é possível chegar a esse andar?

_____

b) Quantas salas de aula há nesse andar? _____

c) Trace na figura os seguintes caminhos, usando uma cor diferente para cada um.
- Da sala de aula 1 até a escada.
- Da sala de aula 5 até o banheiro.
- Da sala de aula 2 até a sala de estudos.
- Da sala de aula 4 até os elevadores.

d) Você sabe para que serve uma sala de estudos? Converse com os colegas e o professor sobre o uso da sala de estudos.

2 Observe a ilustração. O músico deseja ir para o hotel.

a) Desenhe o caminho que o músico deve fazer para, saindo de onde está, chegar à porta do hotel. Trace linhas retas para desenhar o trajeto.

b) Descreva esse caminho, utilizando termos como "seguir em frente", "virar à direita", "virar à esquerda" etc.

_____
_____
_____
_____
_____
_____

3 O sapo deve chegar no quadradinho amarelo. Ele pode fazer os seguintes movimentos:

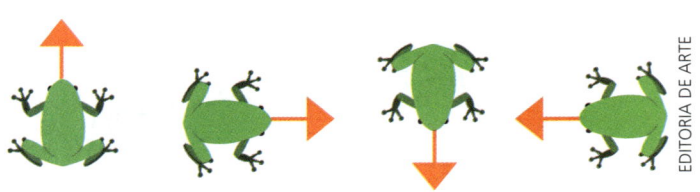

Em cada quadradinho, desenhe setas com o sentido correto, para indicar o caminho que ele pode fazer.

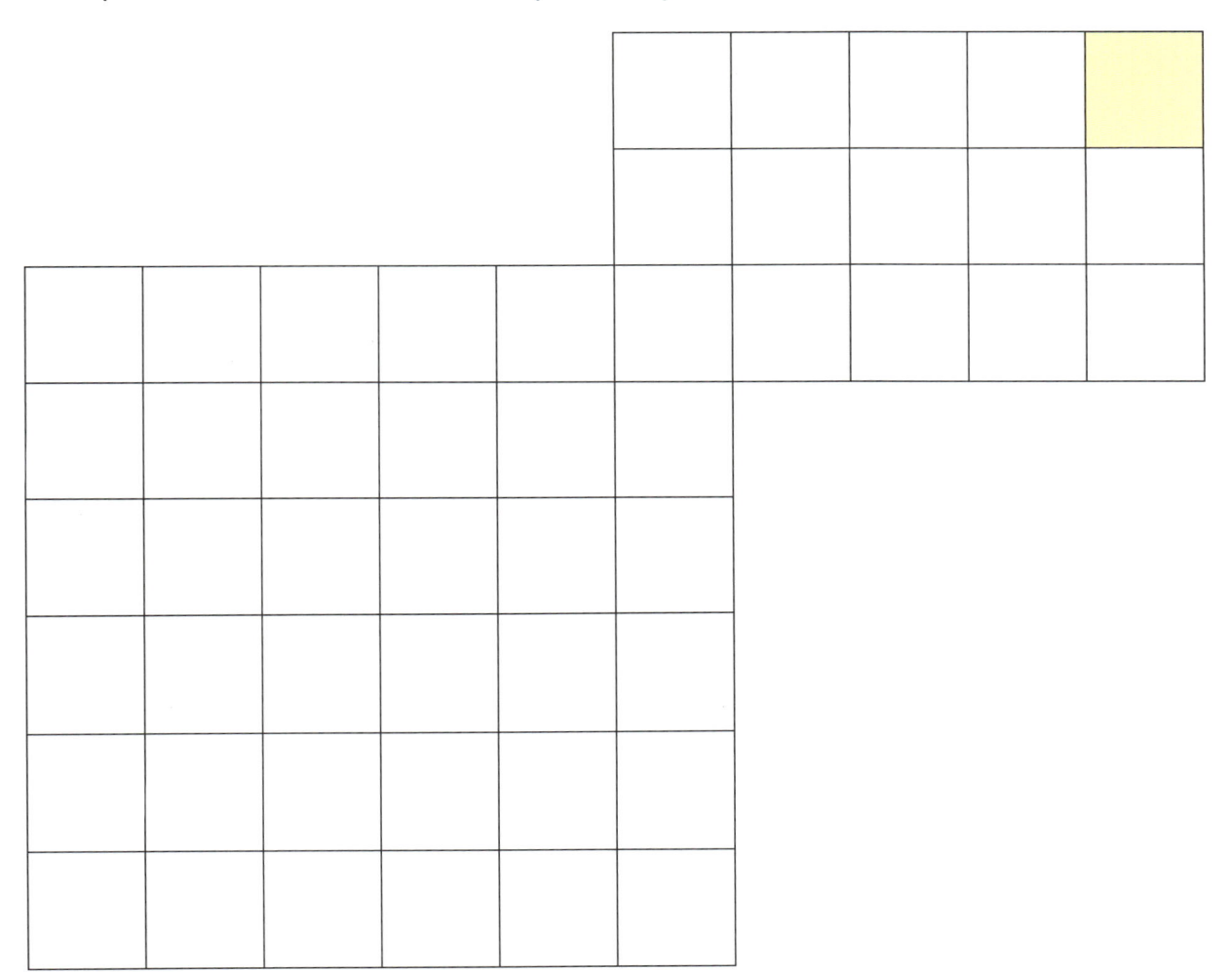

- Compare sua resposta com a de outros colegas. Elas ficaram iguais?

4 Veja o desenho que representa um esquema do bairro em que Paula e Júlio moram.

a) Usando o lápis de cor vermelha, trace um possível caminho que Paula pode fazer para chegar até a casa de Júlio. Por quais locais destacados no mapa Paula passaria fazendo esse trajeto?

_____

b) Paula saiu de casa para a escola passando, antes, pela sorveteria. Trace com lápis azul o caminho que ela fez.

c) Leia o que Júlio está falando e trace com lápis verde.

> Antes de me levar para a escola, minha mãe passou na farmácia e na papelaria.

15 IDEIAS DE MULTIPLICAÇÃO

Utilizamos a multiplicação em diversas situações. Observe. Manoel conserta bicicletas.

Sabendo que cada bicicleta tem 2 rodas, podemos descobrir a quantidade total de rodas a serem consertadas multiplicando 4 bicicletas por 2 rodas.

2 + 2 + 2 + 2 = 8
adição

ou

4 × 2 = 8
fator fator produto

4 fator
× 2 fator
8 produto

Então: 2 + 2 + 2 + 2 = 8
parcela parcela parcela parcela soma

4 vezes o número 2

Neste dia, Manoel deverá consertar 8 rodas.

Organização retangular

Leandro resolveu organizar suas figurinhas para facilitar a contagem de sua coleção.

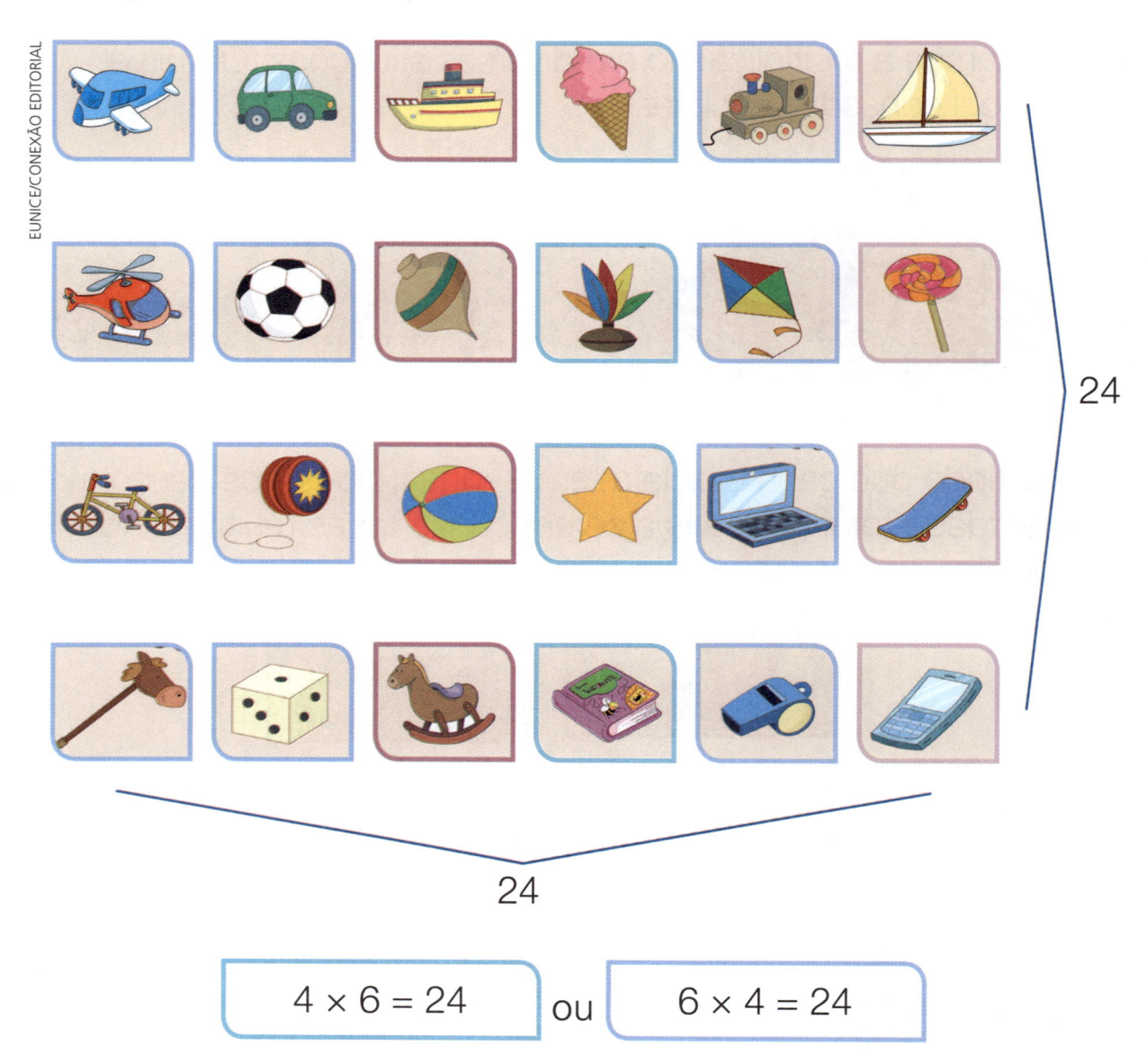

24

24

4 × 6 = 24   ou   6 × 4 = 24

A organização de Leandro formou um retângulo.

Para descobrir o total de figurinhas, Leandro multiplicou a quantidade de linhas (4) pela quantidade de colunas (6). Assim como a quantidade de colunas (6) pela quantidade de linhas (4).

Leandro tem ao todo 24 figurinhas.

Combinatória

Dani tem 3 bonecas e 4 vestidos.
Observe como ela pode vestir as bonecas:

Dani pode vestir as bonecas de 12 maneiras diferentes.

Proporcionalidade

Toda manhã, Bruno entrega água no bairro Jardim Brasil.

Em cada caixote cabem 6 galões de água.

Hoje Bruno entregou apenas 3 caixotes.

a) Desenhe a quantidade de galões que cabe em cada caixote.

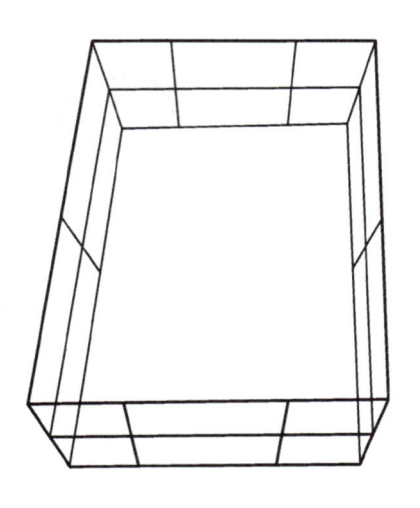

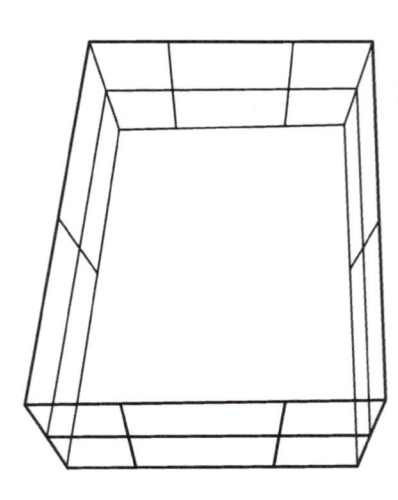

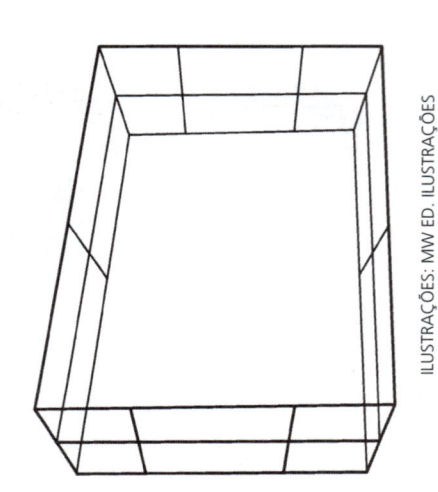

b) Bruno entregou _____ galões de água ao todo.

c) Se Bruno entregasse 4 caixotes, quantos galões de água teria entregado ao todo?

Resposta: _____

ATIVIDADES

1 Pinte os quadradinhos de acordo com as orientações. Depois, escreva a operação correspondente e o resultado. Observe o exemplo.

3 linhas e 2 colunas

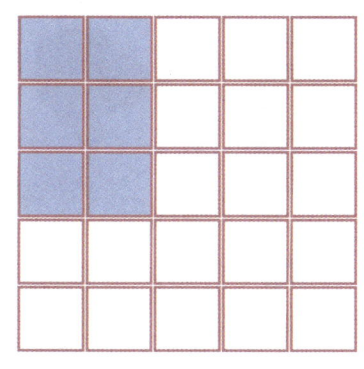

3 × 2 = 6

4 linhas e 3 colunas

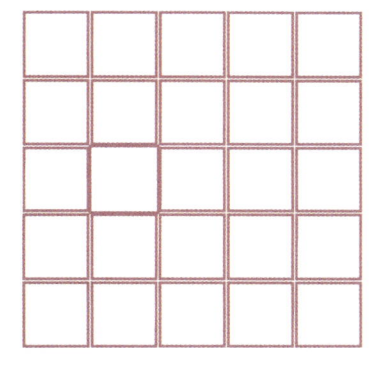

____ × ____ = ____

5 linhas e 4 colunas

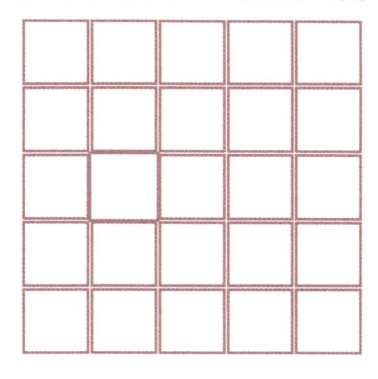

____ × ____ = ____

2 Cada pacote tem 5 bombons. Quantos bombons há em 3 pacotes?

____ × ____ = ____

Resposta: _____

3 A professora propôs à sua turma de alunos que formasse duplas compostas de 1 menino e 1 menina para realizar uma tarefa. Na turma havia 5 meninas e 3 meninos. Termine de completar a tabela para descobrir as possíveis duplas que podem ser formadas.

	Rafaela	Lara	Patrícia	Gabriela	Clara
Leonardo	Rafaela e Leonardo	Lara e Leonardo			
André					
Márcio					

3 × _____ = _____

Há possibilidade de formar _____ duplas diferentes.

4 Descubra a quantidade total de moradores do prédio. Em cada andar moram 4 pessoas.

_____ × _____ = _____

No prédio moram _____ pessoas.

Dobro

Diego e Arthur adoram empinar pipa.

Diego tem 2 pipas e Arthur, o dobro de pipas de Diego. Ou seja, Arthur tem 4 pipas.

> **Dobro** significa duas vezes.
> Então, 2 × 2 = 4.

Triplo

Se Arthur tivesse 6 pipas, teria o triplo de pipas de Diego.

> **Triplo** significa três vezes.
> Então, 3 × 2 = 6.

Quádruplo

Diego e Arthur também gostam de bater figurinhas.

Arthur tem 3 figurinhas e Diego tem o quádruplo de figurinhas de Arthur, ou seja, 12 figurinhas.

Quádruplo significa quatro vezes. Então, 4 × 3 = 12.

Quíntuplo

Se Diego tivesse 15 figurinhas, teria o quíntuplo de figurinhas de Arthur.

Quíntuplo significa cinco vezes. Então, 5 × 3 = 15.

ATIVIDADES

1) Observe o exemplo e continue a atividade.

3 + 3 + 3 + 3 = 12   ⟶   4 × 3 = 12

a) 2 + 2 + 2 + 2 + 2 = _____   ⟶   _____ × _____ = _____

b) 8 + 8 + 8 = _____   ⟶   _____ × _____ = _____

c) 3 + 3 + 3 = _____   ⟶   _____ × _____ = _____

d) 9 + 9 = _____   ⟶   _____ × _____ = _____

e) 9 + 9 + 9 + 9 = _____   ⟶   _____ × _____ = _____

f) 8 + 8 = _____   ⟶   _____ × _____ = _____

g) 7 + 7 + 7 + 7 + 7 = _____   ⟶   _____ × _____ = _____

h) 6 + 6 + 6 + 6 = _____   ⟶   _____ × _____ = _____

2) Represente por meio de desenhos a operação.

7 estrelas mais 7 estrelas é igual a 14 estrelas.

_____ × _____ = _____

3 Complete as tabelas.

TABUADA DO 2		
1 × 2	1 vez 2 é igual a	
2 × 2	2 vezes 2 é igual a	
3 × 2	3 vezes 2 é igual a	
4 × 2	4 vezes 2 é igual a	
5 × 2	5 vezes 2 é igual a	
6 × 2	6 vezes 2 é igual a	
7 × 2	7 vezes 2 é igual a	
8 × 2	8 vezes 2 é igual a	
9 × 2	9 vezes 2 é igual a	
10 × 2	10 vezes 2 é igual a	

TABUADA DO 3		
1 × 3	1 vez 3 é igual a	
2 × 3	2 vezes 3 é igual a	
3 × 3	3 vezes 3 é igual a	
4 × 3	4 vezes 3 é igual a	
5 × 3	5 vezes 3 é igual a	
6 × 3	6 vezes 3 é igual a	
7 × 3	7 vezes 3 é igual a	
8 × 3	8 vezes 3 é igual a	
9 × 3	9 vezes 3 é igual a	
10 × 3	10 vezes 3 é igual a	

4 Quantos quadradinhos há em cada figura?

a)
$$\begin{array}{r} 4 \\ \times\ 2 \\ \hline \end{array}$$ 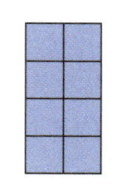
$$\begin{array}{r} 2 \\ \times\ 4 \\ \hline \end{array}$$

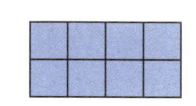

b)
$$\begin{array}{r} 3 \\ \times\ 4 \\ \hline \end{array}$$ 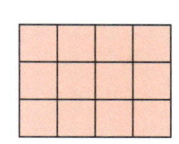
$$\begin{array}{r} 4 \\ \times\ 3 \\ \hline \end{array}$$

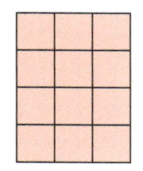

c)
$$\begin{array}{r} 5 \\ \times\ 4 \\ \hline \end{array}$$ 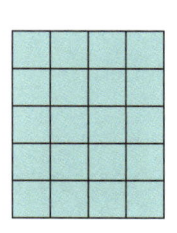
$$\begin{array}{r} 4 \\ \times\ 5 \\ \hline \end{array}$$

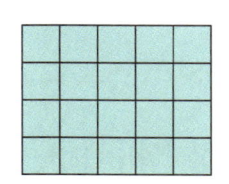

5 Complete as tabelas.

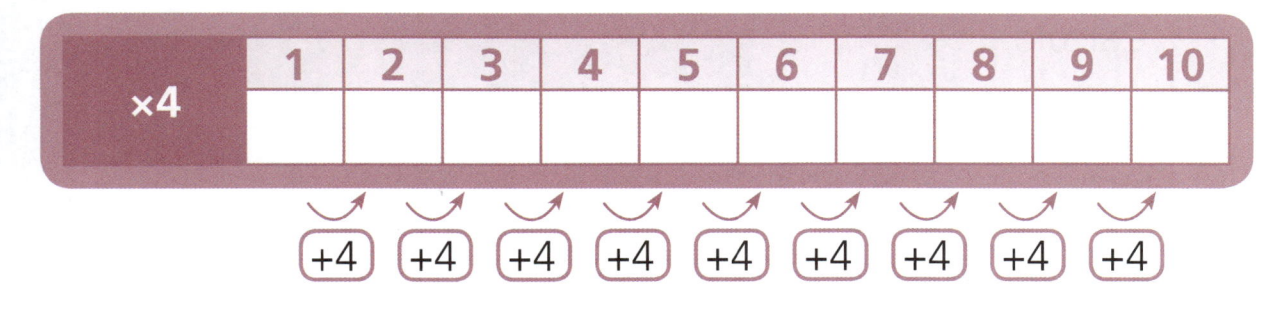

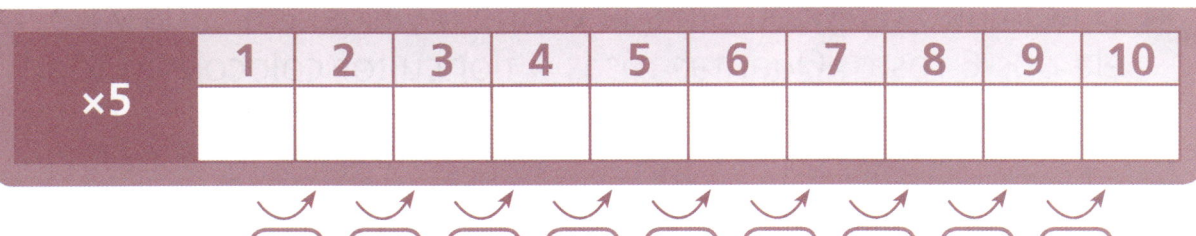

×4	1	2	3	4	5	6	7	8	9	10

+4 +4 +4 +4 +4 +4 +4 +4 +4

×5	1	2	3	4	5	6	7	8	9	10

+5 +5 +5 +5 +5 +5 +5 +5 +5

- O resultado de 3 × 4 é o mesmo de 4 × 3? A ordem dos fatores altera o produto?

PROBLEMAS

1 A dona da cantina da escola foi comprar tomates no supermercado. Ela viu que em 1 bandeja há 6 tomates. Quantos tomates há em 3 bandejas iguais a essa?

Cálculo

Resposta: _____

2 Senhor Miagui, um cozinheiro japonês, encomendou da peixaria 5 postas de salmão. O peixeiro mandou 4 vezes a quantia que o senhor Miagui havia pedido. Quantas postas de salmão o senhor Miagui recebeu do peixeiro?

Cálculo

Resposta: _____

3 O floricultor colocou em sua vitrine 5 vasos. Em cada vaso ele pôs 6 rosas. Quantas rosas o floricultor colocou ao todo nos vasos?

Cálculo

Resposta: _____

4 Em uma sala de aula, a inspetora da escola arrumou as carteiras da seguinte maneira: 4 filas de carteiras com 6 carteiras em cada fila. Quantas carteiras há na sala de aula?

Cálculo

Resposta: _____

5 Em uma papelaria, Tatiana comprou 1 caixa com 6 lápis de cor. Cristina comprou 2 caixas de lápis de cor iguais à de Tatiana. Quantos lápis Cristina comprou?

Cálculo

Resposta: _____

6 Na banca de jornal, João comprou 5 pacotes de figurinhas de seu time favorito. Em cada pacote, há 2 figurinhas. Quantas figurinhas João comprou?

Cálculo

Resposta: _____

INFORMAÇÃO E ESTATÍSTICA

Os alunos do 2º ano fizeram uma votação de suas cores preferidas. Observe o gráfico com os resultados da votação e responda às questões:

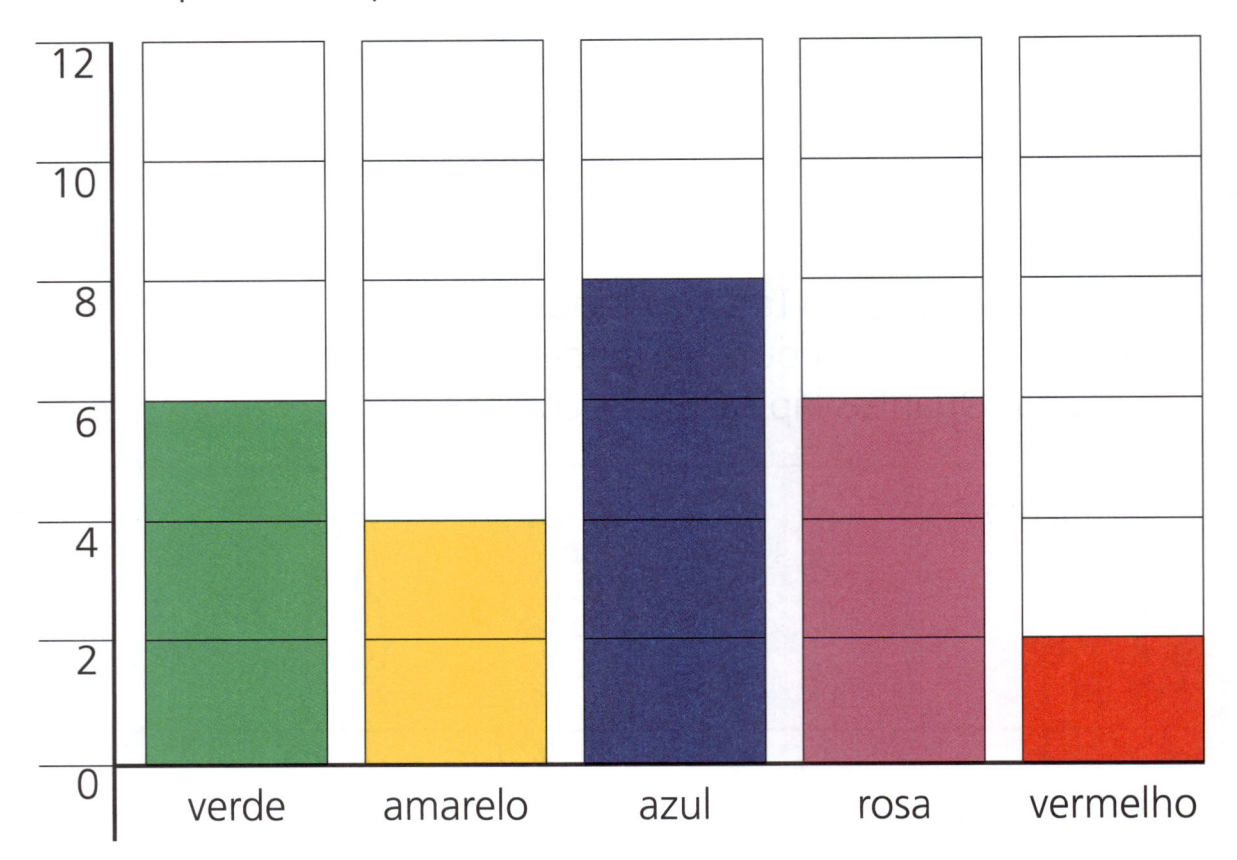

1. Cada quadrinho equivale a quantos votos? _____

2. Qual cor teve maior preferência? _____ Quantos votos? _____

3. Quantos alunos escolheram amarelo? _____

4. Qual cor teve menor preferência? _____ Quantos votos? __

5. Quantos alunos participaram da votação? _____

6. Houve empate? _____ Quais as cores? _____

EU GOSTO DE APRENDER MAIS

1. Abaixo, apresentamos uma frase que dá início a uma situação. Leia e depois acrescente uma pergunta que fará dessa situação um problema que deve ser resolvido usando uma multiplicação.

   > Na feira ecológica da Escola Mundo Verde, três alunos plantaram, em volta da escola, 4 mudas de árvores, cada um.

   Pergunta: _____

   Resolução:

   Resposta: _____

2. Elabore uma pergunta para que a frase a seguir possa ser um problema de multiplicação.

   > Lorenzo tem 5 figurinhas e Gabriel tem o quádruplo disso.

   Pergunta: _____

   Resolução:

   Resposta: _____

LIÇÃO 16

IDEIAS DA DIVISÃO

Paulo comprou 8 bombons. Ele quer dividir igualmente os bombons entre sua mãe e sua professora. Quantos bombons ele dará para cada uma?

$8 \div 2 = 4$

$$\begin{array}{r|l} 8 & 2 \\ -8 & 4 \\ \hline 0 & \end{array}$$

Paulo dará 4 bombons para a mãe e 4 bombons para a professora.

No pátio da escola há 24 crianças.

A professora pediu a elas que formassem filas com 6 alunos em cada uma.

Os alunos se distribuíram em 4 filas com 6 crianças em cada uma. Para repartir uma quantidade, fazemos uma **divisão**.

Então:

24 dividido por 6 é igual a 4.

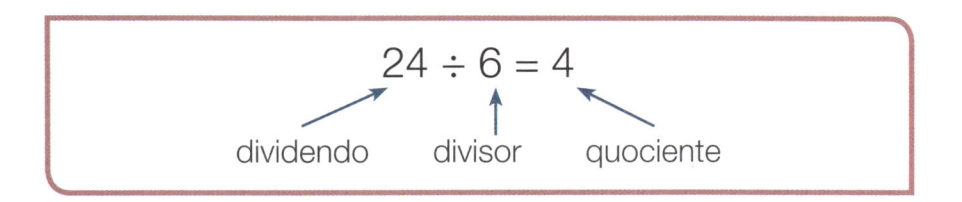

$$24 \div 6 = 4$$

dividendo   divisor   quociente

ATIVIDADES

1 Desenhe e complete para representar as divisões.

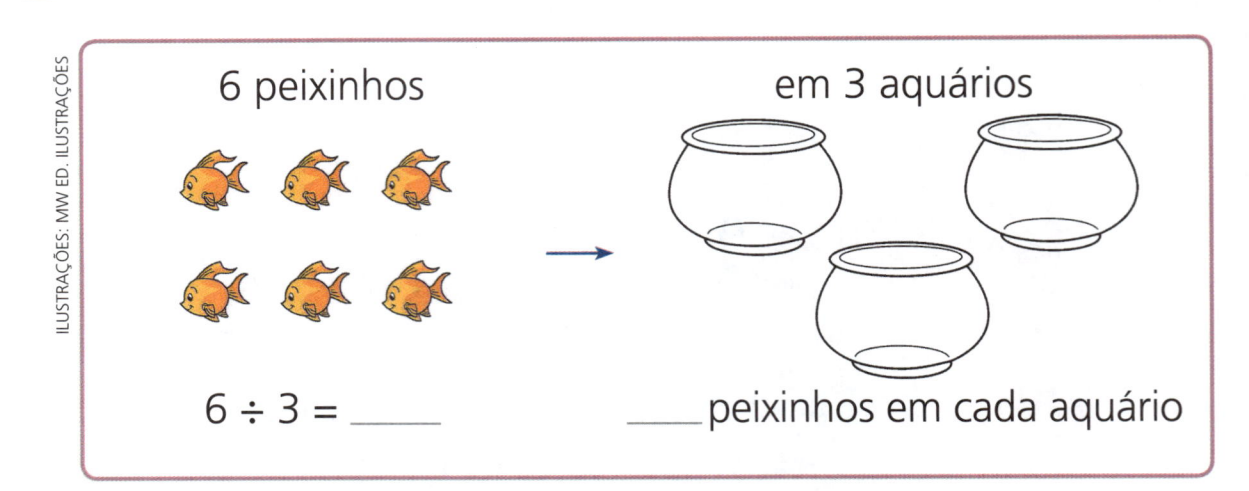

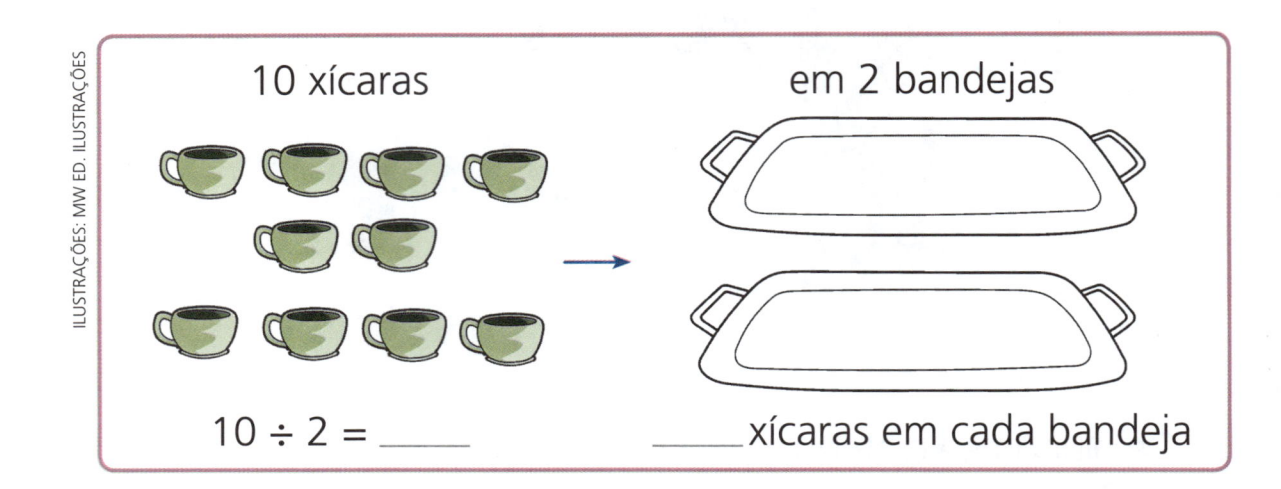

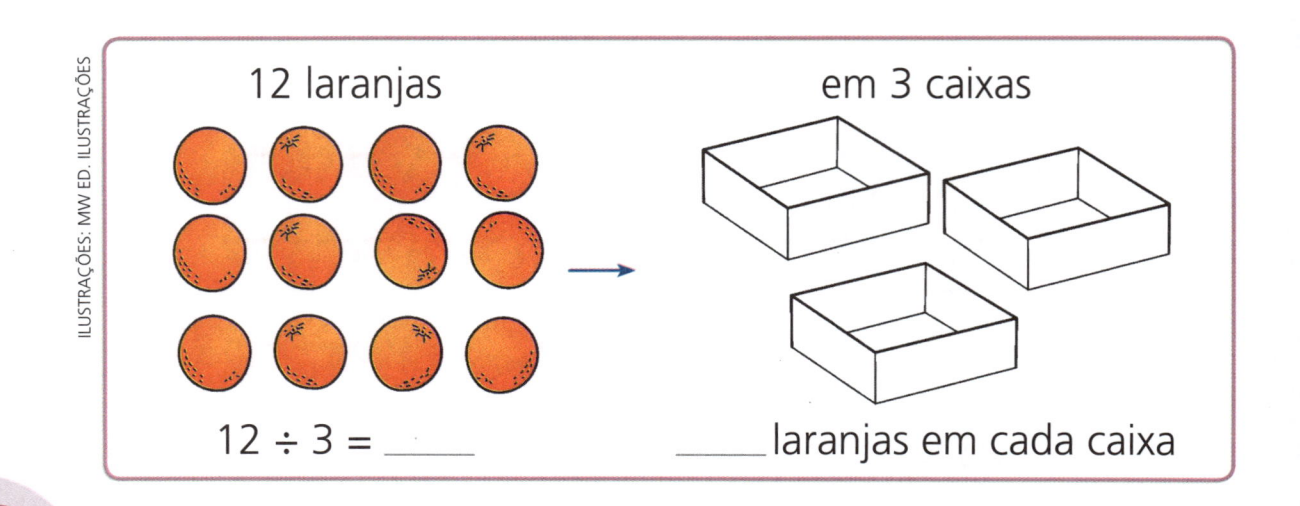

6 peixinhos → em 3 aquários

6 ÷ 3 = _____   _____ peixinhos em cada aquário

10 xícaras → em 2 bandejas

10 ÷ 2 = _____   _____ xícaras em cada bandeja

12 laranjas → em 3 caixas

12 ÷ 3 = _____   _____ laranjas em cada caixa

2 Faça os exercícios como no exemplo.

a) 4 × 2 = 8

```
  8 | 2
- 8   4
  ─
  0
```

b) 5 × 3 = _____

c) 3 × 3 = _____

d) 4 × 3 = _____

e) 4 × 4 = _____

f) 4 × 5 = _____

3 Efetue as divisões.

a)
```
  1 6 | 2
- 1 6   8
  ───
    0
```

b) 2 8 | 4

c) 3 2 | 4

d) 4 0 | 5

e) 2 7 | 3

f) 4 5 | 5

4 Determine o quociente.

6 ÷ 2 = ☐

6 ÷ 3 = ☐

12 ÷ 3 = ☐

12 ÷ 4 = ☐

8 ÷ 2 = ☐

8 ÷ 4 = ☐

15 ÷ 3 = ☐

15 ÷ 5 = ☐

O que você observou de interessante nessas divisões?

PROBLEMAS

1 Juliana quer guardar 20 peras em 5 cestas. Quantas peras ela deve colocar em cada cesta, para que todas tenham a mesma quantidade?

Cálculo

Resposta: _____

2 Uma cafeteria tem 30 xícaras. O garçom precisa distribuí-las igualmente em 6 bandejas. Quantas xícaras devem ser colocadas em cada bandeja?

Cálculo

Resposta: _____

3 A prefeitura de um município comprou 28 mudas de ipê para serem plantadas em 7 ruas da cidade. Todas as ruas receberão o mesmo número de mudas. Quantas mudas de ipê serão plantadas em cada rua?

Cálculo

Resposta: _____

4 No carrinho de sorvete do senhor Joaquim há 16 picolés. Ele quer distribuí-los igualmente entre 4 crianças. Quantos picolés o senhor Joaquim dará a cada criança?

Cálculo

Resposta: _____

5 No Zoológico Municipal de Uberaba, o veterinário mandou distribuir 9 bananas entre 3 macacos, igualmente. Quantas bananas receberá cada macaco?

Cálculo

Resposta: _____

6 Na classe de André, 18 meninos jogam basquete. Quantos times de 6 atletas podem ser formados?

Cálculo

Resposta: _____

Metade

Você já ouviu alguém dizer:
– Filho, dê a metade de seu lanche para seu irmão.
– Lucas, me dê metade de sua maçã.
– Nossa, já gastei metade do meu dinheiro!
Vamos ver o que é **metade**.
Veja as situações.

um kiwi   metade do kiwi   outra metade do kiwi

8 morangos   4 morangos é a metade de 8 morangos

Carla, eu tenho 6 bonecas.

Sandra, eu tenho a metade do que você tem.

Complete.

Sandra tem ____ bonecas.

Carla tem ____ bonecas.

A metade de 6 é ____.

Para obtermos a **metade** de uma quantidade, basta dividi-la por 2.

ATIVIDADES

1 Pinte a metade dos objetos de cada grupo.

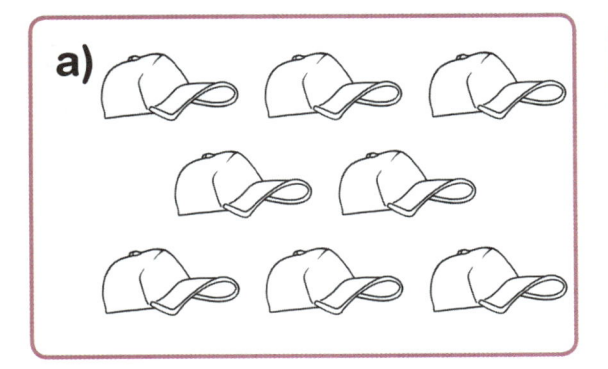

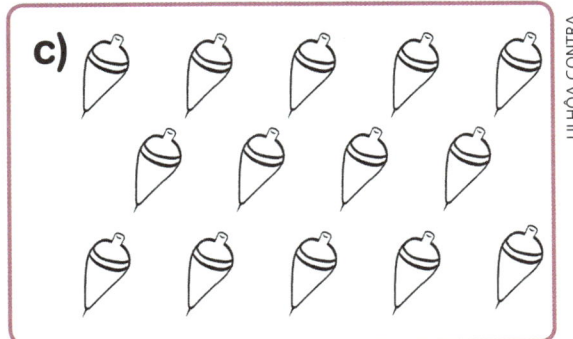

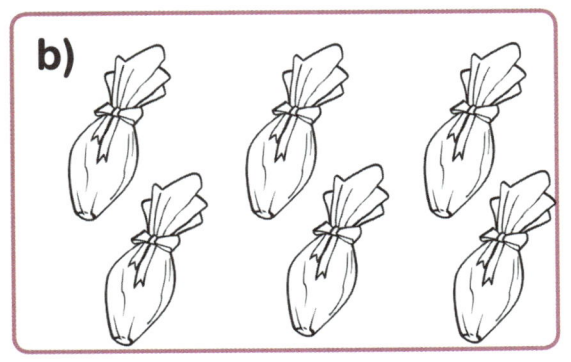

a)

b)

c)

d)

2 Observe os agrupamentos e complete.

a) A metade de 2 é _____.

b) A metade de 8 é _____.

c) A metade de 4 é _____.

d) A metade de 12 é _____.

EU GOSTO DE APRENDER MAIS

1 Abaixo apresentamos o início de uma situação. Leia e depois acrescente uma pergunta que fará dessa situação um problema que deve ser resolvido usando uma divisão.

> Artur comprou 15 maçãs para fazer três bolos.
> Em cada bolo ele vai usar a mesma quantidade de maçãs.

Pergunta:

Resolução:

Resposta:

2 Elabore uma pergunta para que a frase a seguir possa ser um problema de divisão.

> Laura tem 18 lápis e Lúcia tem a metade disso.

Pergunta:

Resolução:

Resposta:

LIÇÃO 17

NOÇÃO DE ACASO

É possível ou é impossível?

Sofia está em uma praia de Pernambuco, em um dia com muito sol! Ela acabou de abrir o guarda-sol.

Com certeza o guarda-sol fez sombra.
É impossível que a água do mar esteja congelada.
Talvez o dia continue ensolarado até o entardecer.

> Usamos os termos "com certeza", "é impossível" ou "talvez" quando necessitamos expressar se é certo que algo vai acontecer ou não.

ATIVIDADES

1 Observe cada cena e escreva em cada uma: "vai acontecer com certeza" ou "é impossível acontecer".

Vai chover hambúrguer.	O ovo vai se quebrar.	Vai molhar o carro.

_____   _____   _____

2 Leia o que cada criança está falando e classifique cada frase em: "com certeza vai acontecer", "talvez aconteça" ou "é impossível acontecer".

- Vou juntar 3 figurinhas com 2 figurinhas e serão 5 figurinhas.

- Vou juntar 3 figurinhas com 2 figurinhas e serão 8 figurinhas.

- Vou juntar duas coleções de figurinhas e serão 9 figurinhas.

_____   _____   _____

É provável ou é improvável?

Davi está participando de um jogo. Ele vai escolher uma cor e girar a roleta. Enquanto a roleta gira, ele vai torcer para que sua melhor chance seja confirmada.

- O círculo foi dividido em quantas partes iguais?
- Qual é a cor que aparece mais vezes no círculo?
- Qual é a cor que aparece menos vezes no círculo?
- Davi disse que era quase impossível a roleta parar no branco. Você concorda com ele?
- Qual cor tem mais chance de ser sorteada?
- Excluindo a cor branca, qual cor tem menos chances de ser sorteada?

Quando algo tem mais chances de acontecer do que outra, dizemos que é **mais provável** (ou **muito provável**).
Quando algo tem menos chances de acontecer do que outra, dizemos que é **menos provável** (ou **pouco provável**).
Quando algo é quase impossível de acontecer, dizemos que é **improvável**.

ATIVIDADES

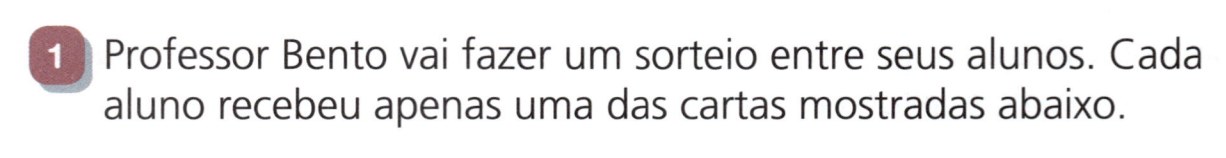

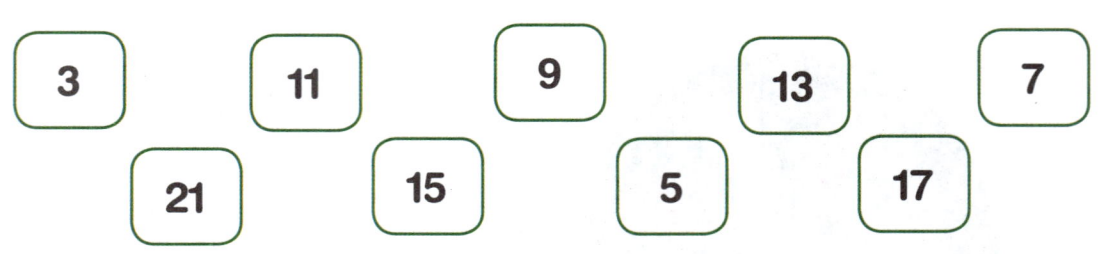

1 Professor Bento vai fazer um sorteio entre seus alunos. Cada aluno recebeu apenas uma das cartas mostradas abaixo.

3   11   9   13   7
21   15   5   17

a) Complete cada frase abaixo com um dos dizeres da coluna azul.

Ao sortear um desses números, é _____ que saia um número menor do que 9.

É _____ sortear o número 2.

É _____ que saia um número menor do que 5.

É _____ que o número sorteado tenha dois dígitos.

- pouco provável
- muito provável
- improvável
- impossível

b) Qual é a característica comum a todos esses números?

_____

_____

c) É possível ou é impossível sortear um número par? Por quê?

_____

_____

2 Veja todos os animais que há no sítio do senhor Nilton.

a) Circule os animais com 4 patas.

b) Quantos são os animais de 4 patas? _____

c) Quantos são os animais de 2 patas? _____

d) Complete as frases a seguir com:

| cavalo | cachorro | gato | vaca |

Ao escolher um entre os animais do sítio, é:

- improvável que seja um _____.

- muito provável que seja uma _____.

- impossível que seja um _____.

- pouco provável que seja um _____.

e) Ao escolher um animal do sítio, é impossível que seja uma tartaruga. Por quê?

_____

INFORMAÇÃO E ESTATÍSTICA

Manuela e Heitor fizeram uma pesquisa, entrevistando os colegas de classe. Eles queriam saber qual era a sobremesa favorita dos amigos. Veja a ficha que eles preencheram.

Pergunta da pesquisa:
Qual é sua sobremesa favorita?

OPÇÕES	TOTAL
Gelatina	|||||
Sorvete	||||||||||||
Fruta	||||||||

Para preencher esse quadro, escrevemos as opções e fizemos um tracinho para cada resposta.

Depois disso, as crianças representaram os dados em uma tabela, colocando o título da pesquisa e a fonte da pesquisa.

Sobremesa favorita dos alunos do 2º ano A

OPÇÕES	TOTAL
Gelatina	5
Sorvete	12
Fruta	8

Fonte: Manuela e Heitor, alunos do 2º ano A.

- Na 1ª coluna foram colocadas as mesmas opções usadas no quadro para coletar os dados. Nesse caso, são as opções de sobremesas.
- Na 2ª coluna foi colocado o número de vezes em que cada opção foi escolhida. Nesse caso, cada número indica quantas vezes cada sobremesa foi a preferida dos entrevistados.
- Toda tabela deve ter título. Nesse caso, é parte da pergunta feita na entrevista.
- A fonte deve informar quem fez a pesquisa ou de onde os dados foram coletados. Nesse caso, estão indicados os nomes de quem fez a pesquisa.

Agora é sua vez! Você vai fazer uma pesquisa com seus colegas de classe.

a) Primeiro, escolha um tema para a sua pesquisa.

☐ brincadeira favorita

☐ fruta favorita

☐ cor favorita

b) Agora, faça a entrevista e complete a ficha a seguir, como fizeram Manuela e Heitor.

Pergunta da pesquisa: _____

OPÇÃO	RESPOSTAS

c) Transcreva os dados da ficha para a tabela a seguir.

Título: _____

Opções	Total

Fonte: _____

LIÇÃO 18

TEMPO E DINHEIRO

Calendário

Você conhece o calendário?

O **calendário** é uma forma de contagem dos dias. Cada grupo de 30 ou 31 dias forma um mês. E em cada ano temos 12 meses. Leia o nome dos meses no calendário de 2023.

Calendário 2023

Janeiro
D	S	T	Q	Q	S	S
1	2	3	4	5	6	7
8	9	10	11	12	13	14
15	16	17	18	19	20	21
22	23	24	25	26	27	28
29	30	31				

1 - Confraternização Universal

Fevereiro
D	S	T	Q	Q	S	S
			1	2	3	4
5	6	7	8	9	10	11
12	13	14	15	16	17	18
19	20	21	22	23	24	25
26	27	28				

21 - Carnaval

Março
D	S	T	Q	Q	S	S
			1	2	3	4
5	6	7	8	9	10	11
12	13	14	15	16	17	18
19	20	21	22	23	24	25
26	27	28	29	30	31	

Abril
D	S	T	Q	Q	S	S
						1
2	3	4	5	6	7	8
9	10	11	12	13	14	15
16	17	18	19	20	21	22
23	24	25	26	27	28	29
30						

7 - Sexta-feira da Paixão
9 - Páscoa
21 - Tiradentes

Maio
D	S	T	Q	Q	S	S
	1	2	3	4	5	6
7	8	9	10	11	12	13
14	15	16	17	18	19	20
21	22	23	24	25	26	27
28	29	30	31			

1 - Dia do Trabalho
14 - Dia das Mães

Junho
D	S	T	Q	Q	S	S
				1	2	3
4	5	6	7	8	9	10
11	12	13	14	15	16	17
18	19	20	21	22	23	24
25	26	27	28	29	30	

8 - Corpus Christi

Julho
D	S	T	Q	Q	S	S
						1
2	3	4	5	6	7	8
9	10	11	12	13	14	15
16	17	18	19	20	21	22
23	24	25	26	27	28	29
30	31					

Agosto
D	S	T	Q	Q	S	S
		1	2	3	4	5
6	7	8	9	10	11	12
13	14	15	16	17	18	19
20	21	22	23	24	25	26
27	28	29	30	31		

13 - Dia dos Pais

Setembro
D	S	T	Q	Q	S	S
					1	2
3	4	5	6	7	8	9
10	11	12	13	14	15	16
17	18	19	20	21	22	23
24	25	26	27	28	29	30

7 - Dia da Independência

Outubro
D	S	T	Q	Q	S	S
1	2	3	4	5	6	7
8	9	10	11	12	13	14
15	16	17	18	19	20	21
22	23	24	25	26	27	28
29	30	31				

12 - Nossa Senhora Aparecida
15 - Dia do Professor

Novembro
D	S	T	Q	Q	S	S
			1	2	3	4
5	6	7	8	9	10	11
12	13	14	15	16	17	18
19	20	21	22	23	24	25
26	27	28	29	30		

2 - Finados
15 - Proclamação da República

Dezembro
D	S	T	Q	Q	S	S
					1	2
3	4	5	6	7	8	9
10	11	12	13	14	15	16
17	18	19	20	21	22	23
24	25	26	27	28	29	30
31						

25 - Natal

> Fevereiro é o único mês que tem 28 ou 29 dias.

Escreva o nome dos meses nos espaços abaixo.

1º janeiro   5º _____   9º _____

2º _____   6º _____   10º _____

3º _____   7º _____   11º _____

4º abril   8º agosto   12º dezembro

- Quantos meses tem o ano? _____

Veja o calendário do mês de janeiro de 2023.

JANEIRO						
DOM.	SEG.	TER.	QUA.	QUI.	SEX.	SÁB.
1	2	3	4	5	6	7
8	9	10	11	12	13	14
15	16	17	18	19	20	21
22	23	24	25	26	27	28
29	30	31				

- Quantos dias tem o mês de janeiro? _____

Agora, preencha o quadro abaixo com os dias da semana.

DIAS DA SEMANA	
1º _____	5º _____
2º _____	6º _____
3º _____	7º _____
4º _____	

199

ATIVIDADES

1 Observe em qual dia da semana do mês de abril de 2023 cada criança faz aniversário e complete a tabela.

DOM.	SEG.	TER.	QUA.	QUI.	SEX.	SÁB.
						1
2	3	4	5	Lucas	7	8
9	10	11	12	13	14	Pedro
Jussara	17	18	19	20	Laila	22
23/30	24	Marta	26	27	28	29

	NOME	
(Lucas)		Quinta-feira, dia 6
(Pedro)		_____, dia ___
(Jussara)		_____, dia ___
(Laila)		_____-feira, dia ___
(Marta)		_____ feira, dia ___

Responda.

a) Em quais dias da semana não há aniversariantes?

_____

b) Quem faz aniversário antes do dia 10?

_____

c) Quem faz aniversário antes do dia 20? E depois do dia 20?

_____

d) Quem faz aniversário no dia 15? Qual é o dia da semana?

_____

e) Qual é o nome do último aniversariante do mês? Qual é o dia da semana e a data do aniversário?

_____

f) De qual dia da semana você mais gosta? Por quê?

_____

2 Escreva o dia da semana que vem antes e o que vem depois.

	segunda-feira	
	quinta-feira	
	domingo	
	quarta-feira	
	sábado	

Horários

Observe a rotina de Iolanda aos sábados.

- A que horas Iolanda começa a arrumar a cama?
- A que horas Iolanda passeia com o cachorro?
- Quanto tempo passou entre a hora que Iolanda acordou e começou a pintar?
- O que Iolanda faz às 10h?
- E você, o que faz às 10h?
- A que horas você costuma acordar?

ATIVIDADES

1 Veja o horário em que começa e termina a aula de Felipe e Fernanda. Marque no relógio.

a) A aula de Felipe e Fernanda começa às:

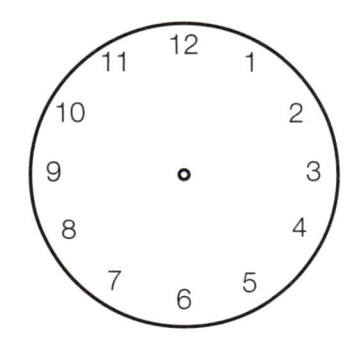

b) A que horas termina a aula?

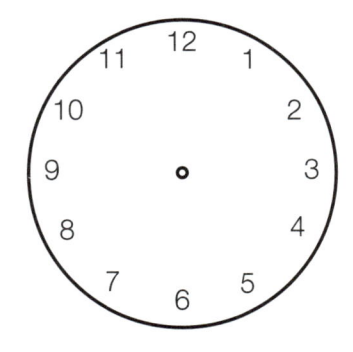

c) Quantas horas Felipe e Fernanda ficam na escola? _____

d) A aula de natação começa duas horas depois que Fernanda sai da escola. Escreva o horário em que ela começa a nadar.

Dinheiro

Sistema monetário

Gabriel quer comprar um carrinho novo. Para isso, ele sempre guarda em um cofrinho todas as moedas que recebe de seus pais e familiares.

Veja: agora ele está guardando uma moeda de 1 real.

Real é o dinheiro utilizado no Brasil.

O dinheiro pode ser feito de papel (cédulas) ou de metal (moedas) e é usado para comprar diferentes produtos e pagar por serviços realizados.

O real é representado pelo símbolo **R$**.

Um real ou R$ 1,00

Nosso dinheiro

Cédulas

R$ 100,00

R$ 50,00

R$ 20,00

R$ 10,00

R$ 5,00

R$ 2,00

Moedas

R$ 1,00

R$ 0,50

R$ 0,25

R$ 0,10

R$ 0,05

R$ 0,01

Cada figura contida nas cédulas ou moedas possui um significado. Procure descobrir quais são esses significados.

No dia a dia, utilizamos cédulas e moedas para comprar produtos e serviços. Observe a foto.

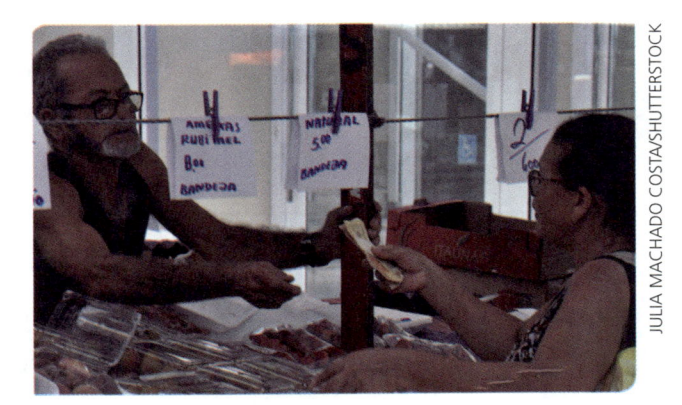

- Em quais situações você utiliza cédulas e moedas?

ATIVIDADES

1 Escreva quantos reais há em cada quadro.

2. Agora, conte as moedas que Marina guardou em seu cofre.

_____

_____

_____

_____

3. Pense e responda.

Fernando quer comprar uma bola. Veja quanto custa.

R$ 5,00

Estas são as moedas que ele tem.

Quanto ainda falta para Fernando poder comprar a bola?

_____

4. Estas são as moedas de Sabrina.

Veja a boneca que ela quer comprar.

R$ 9,00

De quanto Sabrina precisa para completar o valor da boneca?

_____

5 Ricardo comprou um carrinho e pagou com uma nota de R$ 10,00.

8,00

Quanto Ricardo recebeu de troco? _____

6 Alice tem R$ 5,00. Com essa quantia, ela pode comprar este ursinho de pelúcia?

R$ 12,00

☐ Sim.   ☐ Não.

Por quê? _____

7 Paulo e Leonardo guardaram alguns reais para comprar lanche.

Paulo tem R$ 15,00.   Leonardo tem R$ 10,00.

a) Quem tem a maior quantia em reais? _____

b) Quanto Paulo tem a mais que Leonardo? _____

c) Quantos reais têm os dois meninos juntos? _____

8 Preste atenção nas etiquetas. Elas marcam o preço de alguns objetos e brinquedos.

R$ 4,00

R$ 2,00

R$ 12,00

R$ 8,00

R$ 6,00

R$ 5,00

a) Qual é o objeto mais barato, ou seja, aquele que custa a menor quantia de reais? _____

b) Qual é o mais caro, ou seja, aquele que custa a maior quantia de reais? _____

c) Quais são os objetos que Leonardo pode comprar com R$ 10,00? _____

d) Paulo pode comprar um avião e um caminhão com seus R$ 15,00? Faltará ou sobrará dinheiro?

_____

9 Preste atenção na tabela de preços de uma lanchonete. Calcule o preço de cada combinação de lanche.

TABELA DE PREÇOS	
pipoca	R$ 1,00
batata frita	R$ 2,00
maçã	R$ 2,00
suco	R$ 3,00
cachorro-quente	R$ 3,00
sanduíche	R$ 4,00
pizza	R$ 4,00
torta	R$ 5,00

KIT LANCHE		
1	suco, pipoca, maçã	
2	suco, batata frita, maçã	
3	suco, cachorro-quente, maçã	
4	suco, sanduíche, maçã	
5	suco, pizza, maçã	
6	suco, pizza, pipoca	
7	suco, torta, maçã	
8	suco, torta, pipoca	
9	suco, torta, batata frita	

a) Qual é o preço do Kit Lanche 2? _____

b) Qual é o número do Kit Lanche mais barato? _____

c) Qual é o número do Kit Lanche mais caro? _____

d) Qual é o Kit Lanche de sua preferência? _____

LIÇÃO 19

MEDIDAS DE COMPRIMENTO

Realizando medidas

Observe estas crianças. Todas elas estudam na turma da professora Marta.

Como você pode ver, umas são mais altas que outras.

Fernanda é a aluna mais alta de todas as crianças e Sandra parece ter a mesma altura que Patrícia, enquanto Bia é a mais baixa.

Preste bastante atenção.

Fernanda   Patrícia   Bia   Sandra

- Como podemos ter certeza da altura das meninas?
- Verificando as medidas.
- E como podemos verificar?
- É fácil! Vamos registrar a altura das meninas com marcas numa parede!

Medindo com palmos

Fernanda tem 6 palmos e 4 dedos, Bia tem 5 palmos, Sandra tem 6 palmos e 3 dedos e Patrícia tem 6 palmos.

Agora, responda:

- Qual das meninas é a mais alta? _____
- Sandra e Patrícia têm a mesma altura? _____
- Qual é a altura de Sandra? _____

- **Medindo comprimentos**

Durante toda a História, o ser humano utilizou o próprio corpo como **referência**. Foi a partir daí que surgiram medidas como polegada, palmo, pé, passo, braça e tantas outras. Algumas são utilizadas até hoje.

Veja os quadros.

O palmo.

O passo.

O pé.

Agora que você já conhece algumas formas para medir, responda:

- Quantos palmos tem sua carteira? _____
- Quantos passos tem a largura de sua sala de aula? _____
- Compare suas medidas com as de seus colegas. O que você percebeu? _____

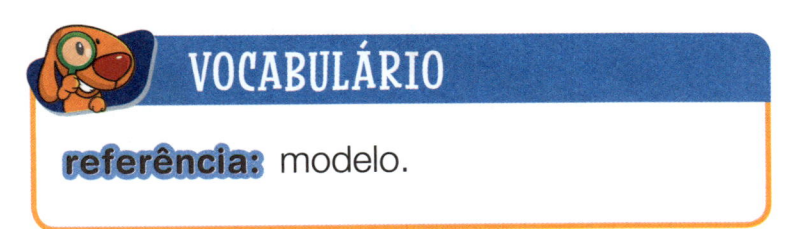

VOCABULÁRIO

referência: modelo.

O metro

Cada pessoa tem um tamanho diferente de pé, de passo e de palmo. Então, foi preciso criar uma unidade que não variasse e fosse universal. Assim foi criado o metro.

> A unidade padrão de medida de comprimento é o **metro**.

Para medir coisas que têm comprimentos parecidos com o da altura do nosso corpo, ou um pouco maior, usamos o metro. Para medir pequenos comprimentos, como o do lápis ou o do nosso polegar, usamos o centímetro. Agora, para grandes comprimentos, como o de estradas ou distâncias entre cidades, usamos o quilômetro.

> O símbolo de cada unidade é:
> metro: **m**   centímetro: **cm**   quilômetro: **km**

A régua é um instrumento de medida de comprimento. Ela está dividida em partes iguais. Os números de sua escala indicam os centímetros.

Veja outros instrumentos para medir comprimento em metros.

Metro articulado.   Trena.   Fita métrica.

ATIVIDADES

1 Ligue o instrumento de medida que é mais adequado para cada atividade.

Metro articulado.   Fita métrica.   Régua escolar.

Costureira.   Pedreiro.   Estudante.

2 Meça o comprimento de cada faixa.

3 Em cada quadro, pinte o lápis com maior comprimento. Escreva quantos centímetros a mais ele tem do que o lápis menor.

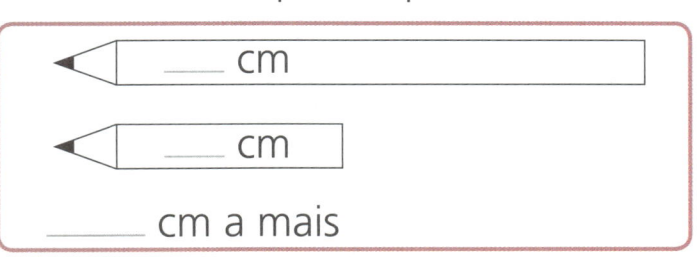

_____ cm

_____ cm

_____ cm a mais

_____ cm

_____ cm

_____ cm a mais

4 Verifique quanto mede e anote usando o símbolo cm ou m.

- Com uma régua.

a) A largura de seu caderno: _____

b) O comprimento de uma caneta: _____

c) O comprimento de seu livro de Matemática: _____

- Com uma fita métrica ou trena.

a) A sua altura: _____

b) O comprimento de sua sala de aula: _____

c) A altura da mesa ou carteira que você usa na escola: _____

5 Use seu palmo e seu passo para medir e anote:

a) O comprimento do quadro de giz de sua sala de aula.

Com palmo: _____ Com passo: _____

b) A largura da porta de entrada de sua sala de aula.

Com palmo: _____ Com passo: _____

c) O comprimento da mesa do professor.

Com palmo: _____ Com passo: _____

Agora, compare essas medidas com as medidas que seus colegas encontraram. O que você percebeu? Comente com eles e sua professora.

PROBLEMAS

1 Gustavo mora em um sítio e comprou 55 metros de arame para fazer uma cerca. Com essa quantidade, não foi possível terminar a cerca; então, ele comprou mais 35 metros. Quantos metros de arame ele comprou ao todo para fazer a cerca?

Cálculo

Resposta: _____

2 Dona Lúcia tem 5 metros de fita. Dona Esmeralda tem 2 vezes mais. Quantos metros de fita têm as duas juntas?

Cálculo

Resposta: _____

3 Sebastião comprou 26 metros de madeira para fazer um armário. Já gastou 18 metros. Quantos metros de madeira ainda restam?

Cálculo

Resposta: _____

4 Tia Fátima gastou 3 metros de tecido para fazer uma fantasia. Quantos metros ela gastará para fazer 3 fantasias iguais a essa?

Cálculo

Resposta: _____

5 Em uma peça de tecido há 24 metros e, em outra, a metade dessa quantidade. Quantos metros de tecido há nas duas peças?

Cálculo

Resposta: _____

6 A distância da casa de Janaína até a praça é de 98 metros. Janaína já andou 63 metros. Quantos metros ainda faltam para ela chegar à praça?

Cálculo

Resposta: _____

MEDIDAS DE MASSA

Balança doméstica.

Balança de pratos.

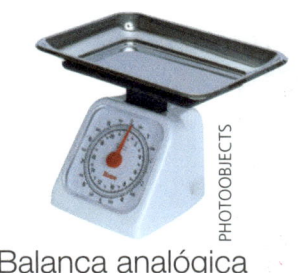

Balança analógica de cozinha.

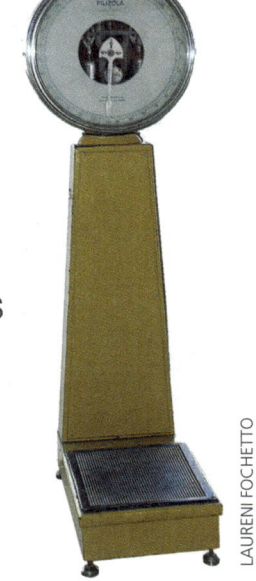

Balança de ponteiros.

A balança é utilizada para medir massa, que é mais conhecida como "peso".

Popularmente, usamos a palavra "peso" para nos referirmos à massa.

Você sabe qual é sua massa? Achou estranha essa pergunta? Então, quanto você pesa? Quando pesamos alguma coisa ou pessoa, estamos medindo a massa.

A unidade padrão de medida de massa é o **quilograma**, que também é conhecido como quilo.

O símbolo do quilograma é **kg**.

Para medir pequenas massas ou produtos com "peso" menor que 1 kg, usamos o **grama**.

O símbolo do grama é **g**.

219

ATIVIDADES

1 Responda:

30 kg 10 kg 40 kg

a) Quem pesa mais: o menino ou o cachorro? _____

b) Quanto pesam os dois juntos? _____

c) Quanto o menino pesa a mais do que o cachorro? _____

d) Você se pesou recentemente? _____

e) Quanto você está pesando? _____

f) Quem pesa mais: você ou o menino do desenho?

_____

2 Quanto você acha que pesa este livro?

☐ Menos de 1 kg.

☐ Mais de 1 kg.

3 Preste atenção nos produtos. Eles são vendidos por quilograma ou por grama.

Café 500 g.

Feijão 1 kg.

Arroz 5 kg.

Biscoito 200 g.

Açúcar 1 kg.

Gelatina 50 g.

a) O pai de Vítor comprou 3 pacotes de arroz. Quantos quilogramas ele comprou? _____

b) A irmã de Jorge comprou 2 pacotes de feijão. Quantos quilogramas ela comprou? _____

c) O avô de Márcia comprou 1 pacote de café, 1 pacote de açúcar, 1 pacote de biscoito e uma caixa de gelatina. Qual é o "peso" de tudo que ele levará na sacola? _____

PROBLEMAS

1 Carolina pesa 26 quilogramas e Juliana, 21 quilogramas. Quantos quilogramas Carolina tem a mais que Juliana?

Cálculo

Resposta: _____

2 Rosa foi ao supermercado e comprou 8 quilogramas de feijão e 3 quilogramas de arroz. Quantos quilogramas de alimento Rosa comprou?

Cálculo

Resposta: _____

3 Uma padaria produziu 75 quilogramas de pães. Foram vendidos 64 quilogramas. Quantos quilogramas de pães restaram?

Cálculo

Resposta: _____

EU GOSTO DE APRENDER MAIS

Observe a situação.

Os três amigos subiram, cada um na sua vez, na balança.

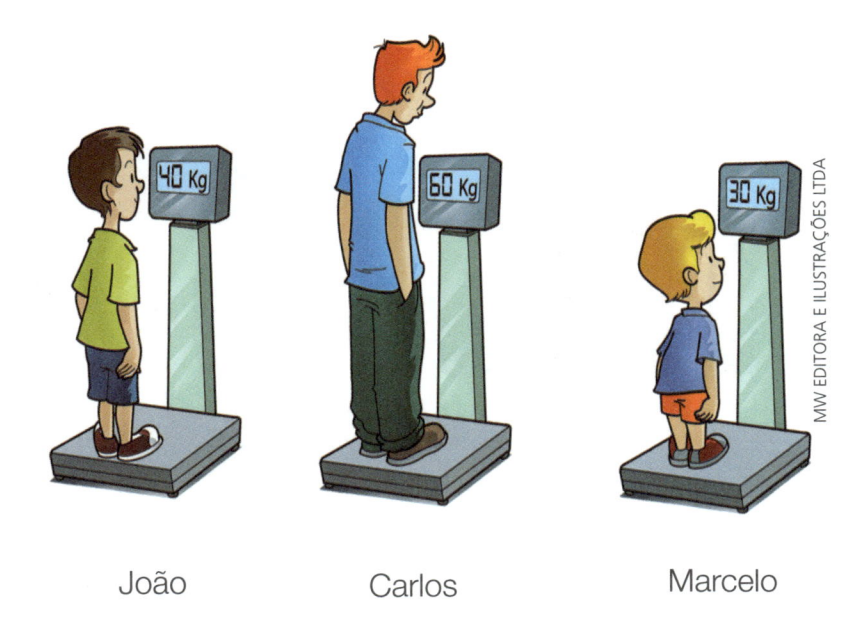

João — 40 Kg
Carlos — 60 Kg
Marcelo — 30 Kg

a) Agora, elabore, para essa situação, uma pergunta que necessite de uma operação qualquer para ser resolvida.

Pergunta: _____

b) Troque de problema com um colega: um deve resolver o problema do outro.

Resolução:

Resposta: _____

LIÇÃO 21

MEDIDAS DE CAPACIDADE

Observe os produtos abaixo, que consumimos em nosso dia a dia.

Os produtos contidos nessas embalagens são líquidos. Para medir a quantidade de líquido, usamos a unidade fundamental de volume, que é o **litro**.

> O símbolo do litro é **L**.

Em muitos recipientes, cabe mais que um litro de líquido. Em outros, cabe menos que um litro.

Para medir pequenas quantidades de líquidos que cabem em um copo ou em uma xícara, usamos o **mililitro**.

> O símbolo do mililitro é **mL**.

ESTE SUCO É DE LARANJA. VOCÊS VÃO ADORAR!

De acordo com a cena, todas as crianças vão poder se deliciar com o suco bem geladinho. Sabem por quê?

Cada copo é capaz de armazenar aproximadamente 200 mL.

- 5 copos de 200 mL de qualquer líquido são iguais a 1 litro.

200 mL   1 L

ATIVIDADES

1 Pense e responda da melhor forma.

a) Ricardo quer comprar 1 litro de iogurte. Quantos potinhos de 200 mL ele precisa comprar? _____

b) Fernando comprou 2 garrafas de refrigerante de 500 mL. Quantos litros ele comprou? _____

2 Alice tem na geladeira 4 copinhos com 250 mL de chá. Quantos litros de chá Alice tem? _____

3 Para Fernando comprar 2 litros de água, de quantas garrafinhas de 500 mL ele precisa? _____

4 Qual é a quantidade de líquido que tem no recipiente maior?

1 L   1 L   1 L   1 L   _____

5 Circule produtos que compramos em litro.

6 Se com 1 litro de suco eu encho 4 copos, de quantos litros de suco necessito para encher 16 copos?
Reparta conforme o modelo e responda.

Resposta: Necessito de _____ litros para encher 16 copos.

7 Cada recipiente de refrigerante tem 2 litros. Quantos recipientes são necessários para completar 10 litros? Desenhe as garrafas que faltam.

8 Um litro de leite enche 5 copos de 200 mL.

Complete a tabela para saber a quantidade de leite que cada criança bebeu.

	COPOS POR DIA	EM 2 DIAS	EM 3 DIAS	EM 4 DIAS
Marcos	2			
Fernanda	4			
Maurício	3			

INFORMAÇÃO E ESTATÍSTICA

Observe quantos litros de suco Cristina fez para vender no fim de semana.

SUCO DE LARANJA 4L
SUCO DE LIMÃO 2L
SUCO DE UVA 5L
SUCO DE ABACAXI 3L
SUCO DE GOIABA 1L

Preencha a tabela abaixo com as informações sobre a quantidade de litros de cada suco que Cristina fez para vender.

SUCO	LITROS

Quantos litros de suco Cristina fez? _____

No sábado, Cristina vendeu:

- 2 litros de suco de laranja;
- 1 litro de suco de abacaxi;
- 2 litros de suco de uva;
- 1 litro de suco de limão;
- 1 litro de suco de goiaba.

No domingo, Cristina vendeu:

- 2 litros de suco de laranja;
- 1 litro de suco de abacaxi;
- 3 litros de suco de uva;
- 1 litro de suco de limão;
- nenhum litro de suco de goiaba.

Agora, preencha outra tabela para que Cristina tenha o controle da quantidade de litros de suco vendidos por dia.

	Suco de laranja	Suco de abacaxi	Suco de uva	Suco de limão	Suco de goiaba	Total
Sábado						
Domingo						

Em que dia Cristina vendeu mais litros de suco?

_____

_____

EU GOSTO DE APRENDER MAIS

Destaque as frases da página 260 de adesivos e cole-as nos espaços abaixo, formando duas situações-problema. Depois, resolva-as.

Situação 1:

Situação 2:

Coleção

Eu gosto m@is

ALMANAQUE

MATERIAL DOURADO

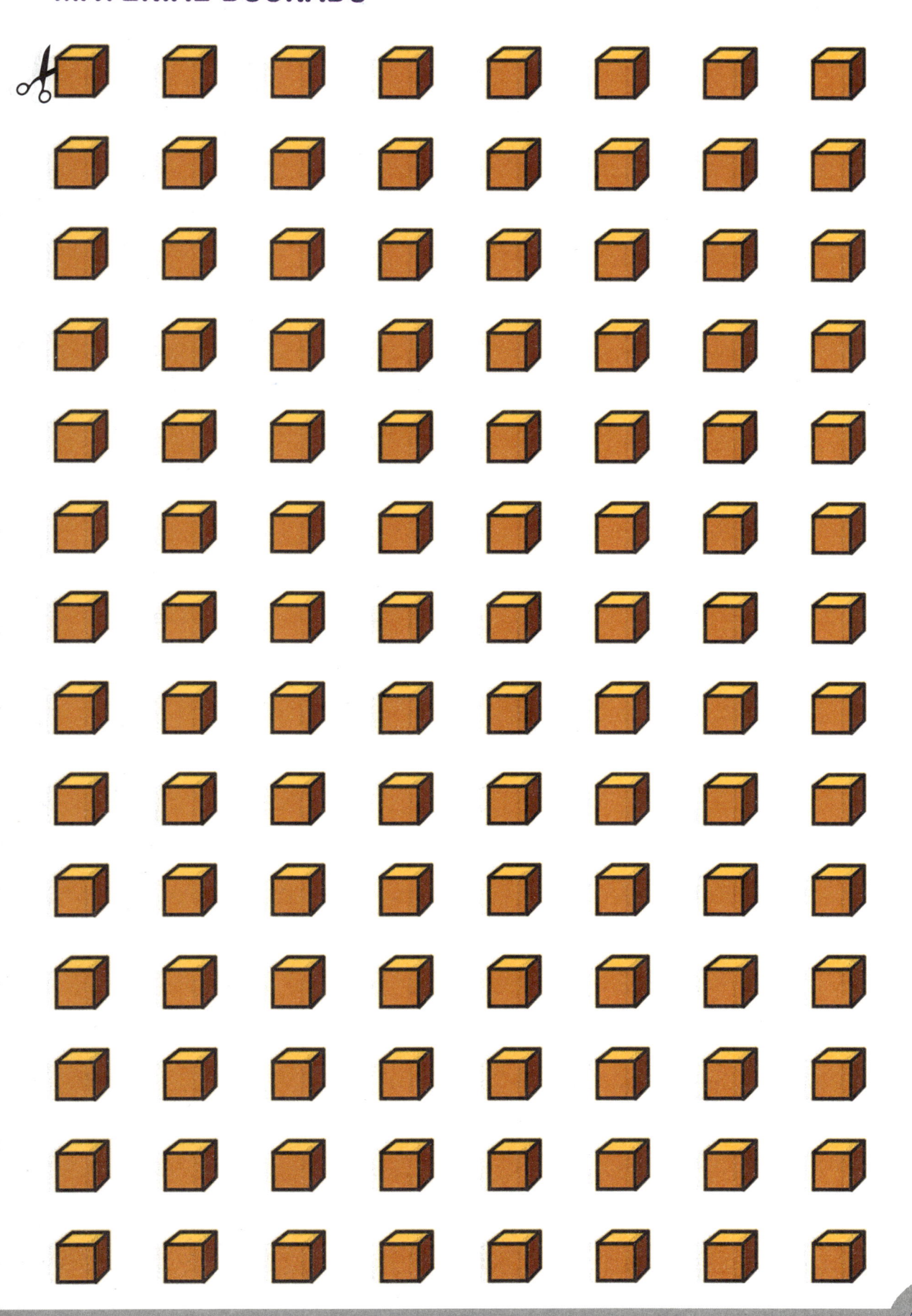

MATERIAL DOURADO

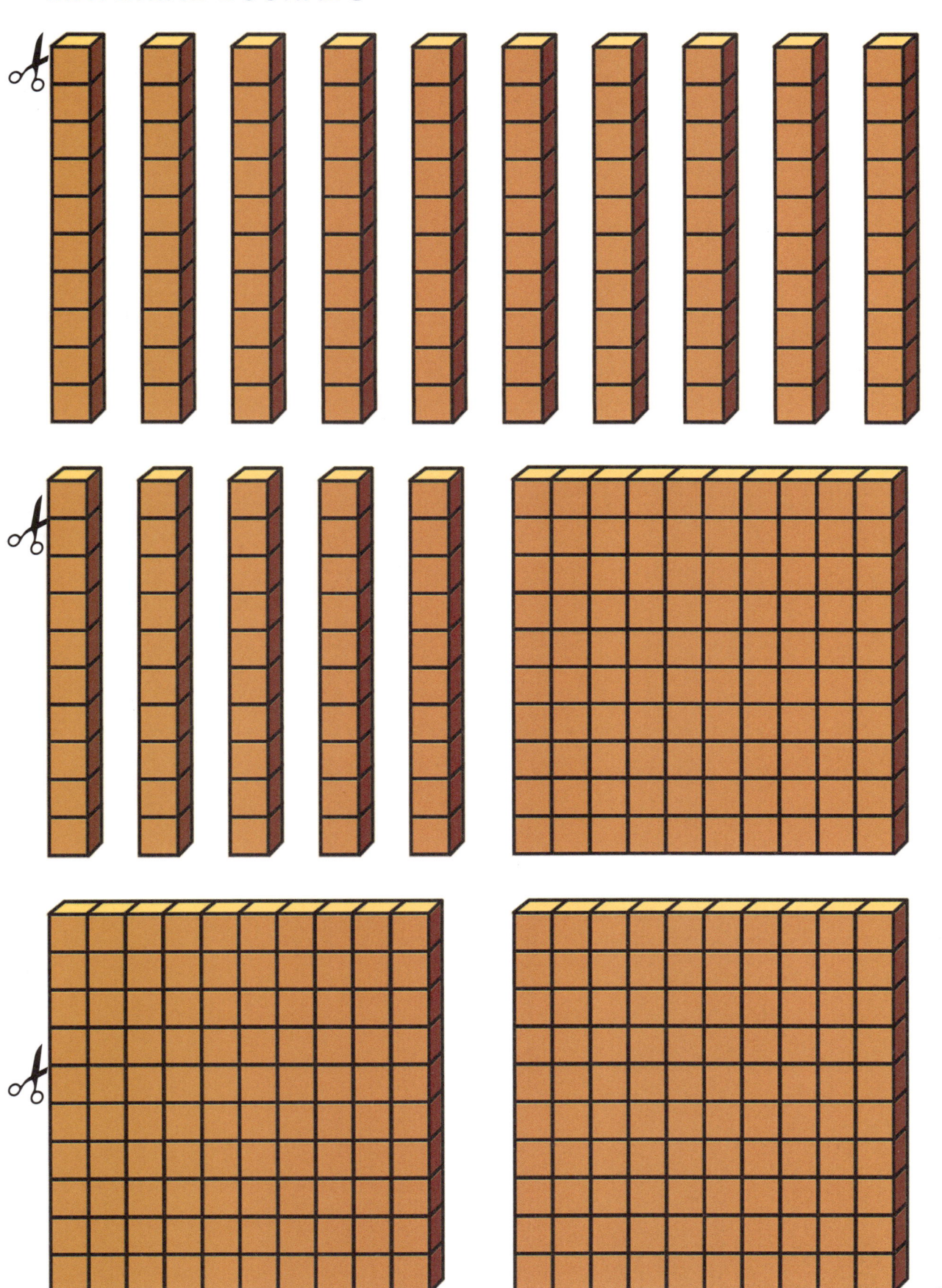

Parte integrante da Coleção Eu gosto m@is – Matemática 2º ano – IBEP.

ALMANAQUE

MATERIAL DOURADO

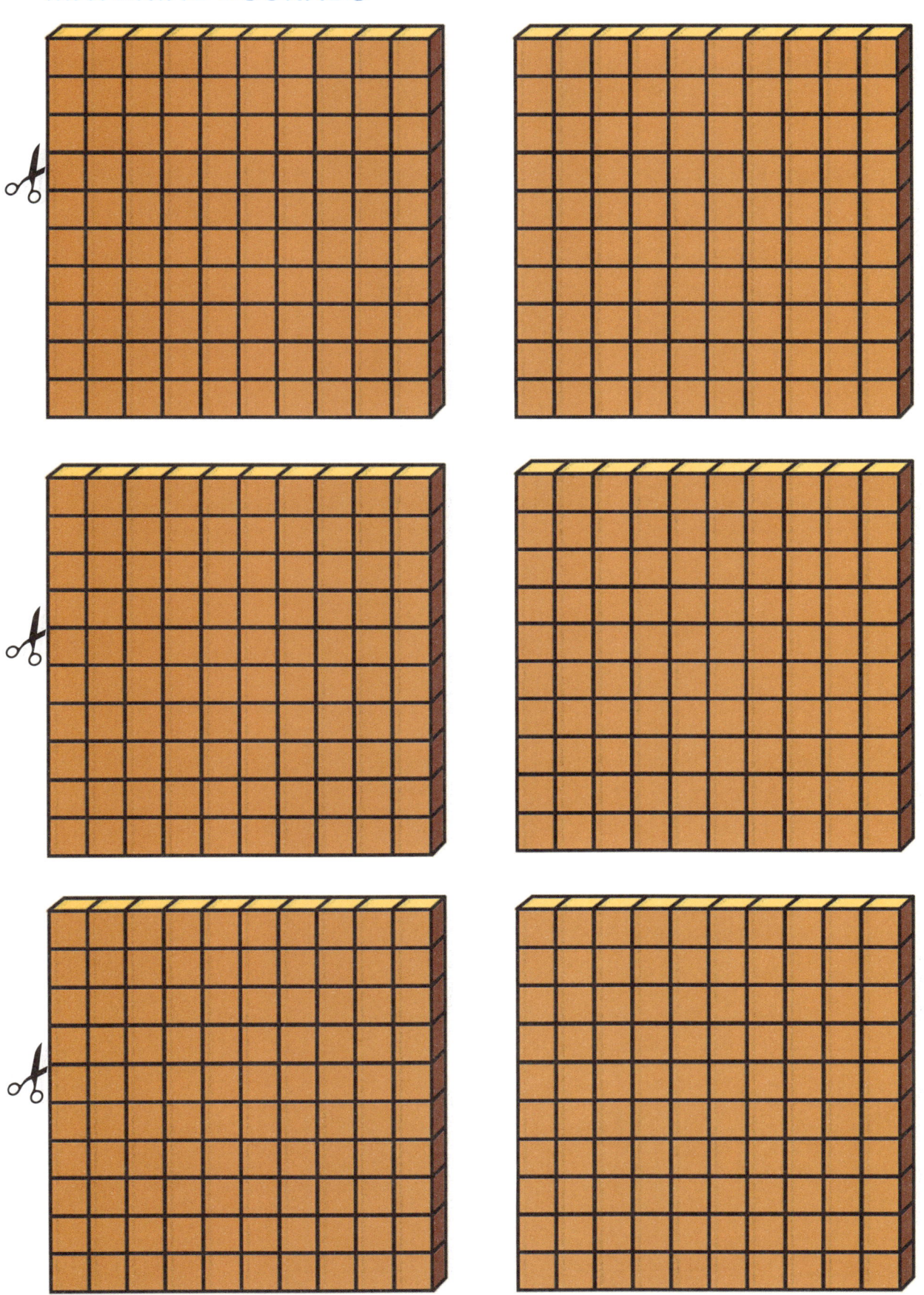

ENVELOPE PARA O MATERIAL DOURADO

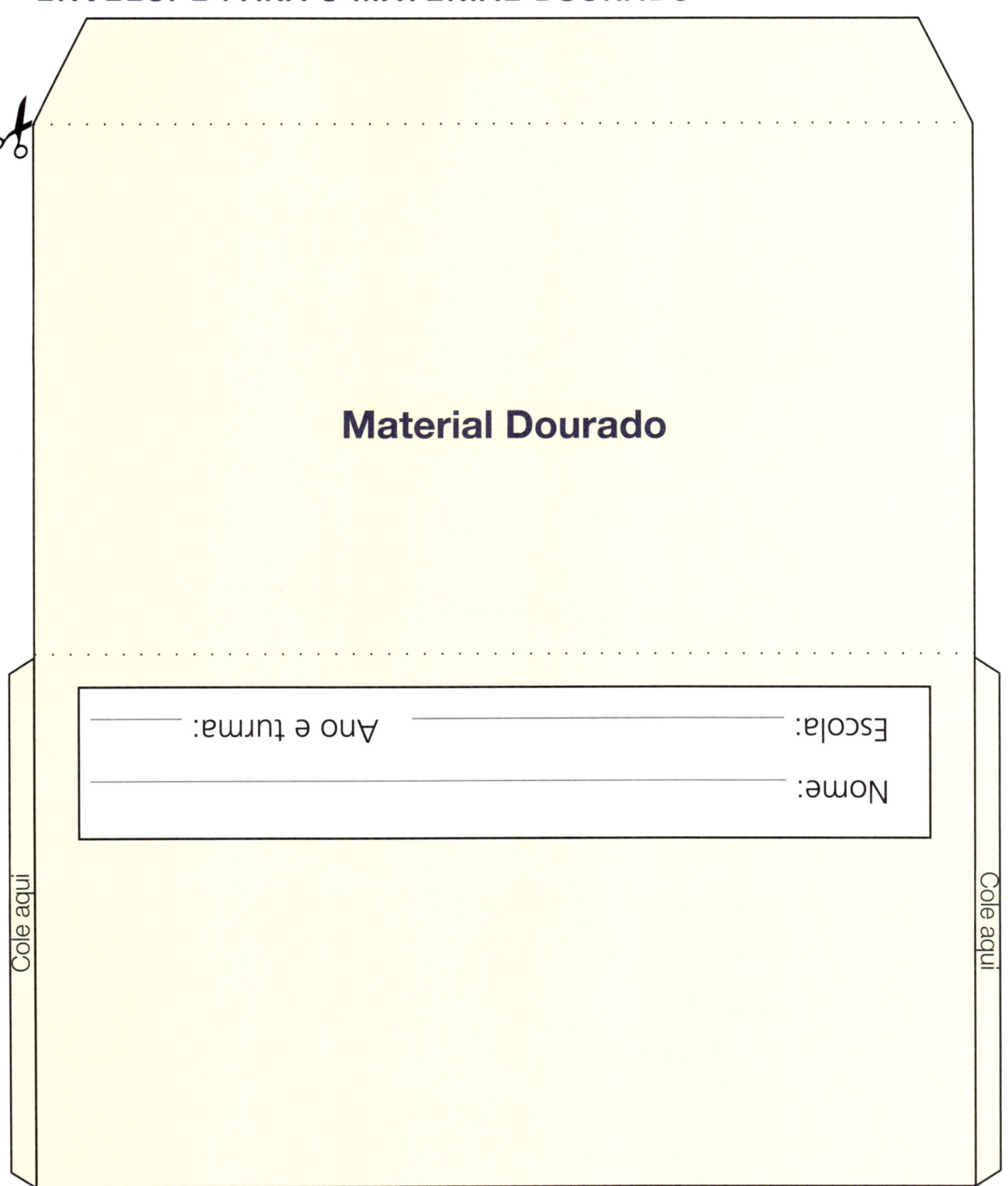

Material Dourado

Nome:

Escola:

Ano e turma:

Cole aqui

Cole aqui

ALMANAQUE

CARTAS DO JOGO BATALHA DOS NÚMEROS – COMPOSIÇÃO

0	1	2	3	4
5	6	7	8	9

0	1	2	3	4
5	6	7	8	9

PARALELEPÍPEDO

CUBO

2023

JANEIRO
S	T	Q	Q	S	S	D
						1
2	3	4	5	6	7	8
9	10	11	12	13	14	15
16	17	18	19	20	21	22
23	24	25	26	27	28	29
30	31					

FEVEREIRO
S	T	Q	Q	S	S	D
		1	2	3	4	5
6	7	8	9	10	11	12
13	14	15	16	17	18	19
20	21	22	23	24	25	26
27	28					

MARÇO
S	T	Q	Q	S	S	D
		1	2	3	4	5
6	7	8	9	10	11	12
13	14	15	16	17	18	19
20	21	22	23	24	25	26
27	28	29	30	31		

ABRIL
S	T	Q	Q	S	S	D
					1	2
3	4	5	6	7	8	9
10	11	12	13	14	15	16
17	18	19	20	21	22	23
24	25	26	27	28	29	30

MAIO
S	T	Q	Q	S	S	D
1	2	3	4	5	6	7
8	9	10	11	12	13	14
15	16	17	18	19	20	21
22	23	24	25	26	27	28
29	30	31				

JUNHO
S	T	Q	Q	S	S	D
			1	2	3	4
5	6	7	8	9	10	11
12	13	14	15	16	17	18
19	20	21	22	23	24	25
26	27	28	29	30		

JULHO
S	T	Q	Q	S	S	D
					1	2
3	4	5	6	7	8	9
10	11	12	13	14	15	16
17	18	19	20	21	22	23
24	25	26	27	28	29	30
31						

AGOSTO
S	T	Q	Q	S	S	D
	1	2	3	4	5	6
7	8	9	10	11	12	13
14	15	16	17	18	19	20
21	22	23	24	25	26	27
28	29	30	31			

SETEMBRO
S	T	Q	Q	S	S	D
				1	2	3
4	5	6	7	8	9	10
11	12	13	14	15	16	17
18	19	20	21	22	23	24
25	26	27	28	29	30	

OUTUBRO
S	T	Q	Q	S	S	D
						1
2	3	4	5	6	7	8
9	10	11	12	13	14	15
16	17	18	19	20	21	22
23	24	25	26	27	28	29
30	31					

NOVEMBRO
S	T	Q	Q	S	S	D
		1	2	3	4	5
6	7	8	9	10	11	12
13	14	15	16	17	18	19
20	21	22	23	24	25	26
27	28	29	30			

DEZEMBRO
S	T	Q	Q	S	S	D
				1	2	3
4	5	6	7	8	9	10
11	12	13	14	15	16	17
18	19	20	21	22	23	24
25	26	27	28	29	30	31

ALMANAQUE

Datas comemorativas

- **1/1** Confraternização universal
- **21/2** Carnaval
- **7/4** Sexta-feira da Paixão
- **9/4** Páscoa
- **21/4** Tiradentes
- **1/5** Dia do Trabalho
- **14/5** Dia das Mães
- **8/6** Corpus Christi
- **13/8** Dia dos Pais
- **7/9** Dia da Independência
- **12/10** Nossa senhora Aparecida
- **15/10** Dia do Professor
- **2/11** Finados
- **15/11** Proclamação da República
- **25/12** Natal

2024

ALMANAQUE

JANEIRO
S	T	Q	Q	S	S	D
1	2	3	4	5	6	7
8	9	10	11	12	13	14
15	16	17	18	19	20	21
22	23	24	25	26	27	28
29	30	31				

FEVEREIRO
S	T	Q	Q	S	S	D
			1	2	3	4
5	6	7	8	9	10	11
12	13	14	15	16	17	18
19	20	21	22	23	24	25
26	27	28	29			

MARÇO
S	T	Q	Q	S	S	D
				1	2	3
4	5	6	7	8	9	10
11	12	13	14	15	16	17
18	19	20	21	22	23	24
25	26	27	28	29	30	31

ABRIL
S	T	Q	Q	S	S	D
1	2	3	4	5	6	7
8	9	10	11	12	13	14
15	16	17	18	19	20	21
22	23	24	25	26	27	28
29	30					

MAIO
S	T	Q	Q	S	S	D
		1	2	3	4	5
6	7	8	9	10	11	12
13	14	15	16	17	18	19
20	21	22	23	24	25	26
27	28	29	30	31		

JUNHO
S	T	Q	Q	S	S	D
					1	2
3	4	5	6	7	8	9
10	11	12	13	14	15	16
17	18	19	20	21	22	23
24	25	26	27	28	29	30

JULHO
S	T	Q	Q	S	S	D
1	2	3	4	5	6	7
8	9	10	11	12	13	14
15	16	17	18	19	20	21
22	23	24	25	26	27	28
29	30	31				

AGOSTO
S	T	Q	Q	S	S	D
			1	2	3	4
5	6	7	8	9	10	11
12	13	14	15	16	17	18
19	20	21	22	23	24	25
26	27	28	29	30	31	

SETEMBRO
S	T	Q	Q	S	S	D
						1
2	3	4	5	6	7	8
9	10	11	12	13	14	15
16	17	18	19	20	21	22
23	24	25	26	27	28	29
30						

OUTUBRO
S	T	Q	Q	S	S	D
	1	2	3	4	5	6
7	8	9	10	11	12	13
14	15	16	17	18	19	20
21	22	23	24	25	26	27
28	29	30	31			

NOVEMBRO
S	T	Q	Q	S	S	D
				1	2	3
4	5	6	7	8	9	10
11	12	13	14	15	16	17
18	19	20	21	22	23	24
25	26	27	28	29	30	

DEZEMBRO
S	T	Q	Q	S	S	D
						1
2	3	4	5	6	7	8
9	10	11	12	13	14	15
16	17	18	19	20	21	22
23	24	25	26	27	28	29
30	31					

Datas comemorativas

- **1/1** Confraternização universal
- **21/2** Carnaval
- **7/4** Sexta-feira da Paixão
- **9/4** Páscoa
- **21/4** Tiradentes
- **1/5** Dia do Trabalho
- **14/5** Dia das Mães
- **8/6** Corpus Christi
- **13/8** Dia dos Pais
- **7/9** Dia da Independência
- **12/10** Nossa senhora Aparecida
- **15/10** Dia do Professor
- **2/11** Finados
- **15/11** Proclamação da República
- **25/12** Natal

Parte integrante da Coleção Eu gosto m@is – Matemática 2º ano – IBEP.

MOEDAS

ALMANAQUE

CÉDULAS

ALMANAQUE

CASA DA MOEDA DO BRASIL

253

Parte integrante da Coleção Eu gosto m@is – Matemática 2º ano – IBEP.

CÉDULAS

ALMANAQUE

255
Parte integrante da Coleção Eu gosto m@is – Matemática 2º ano – IBEP.

FIGURAS PLANAS

ADESIVOS

FRASES PARA A CONSTRUÇÃO DE SITUAÇÕES-PROBLEMA

Seu primo levou mais 6 carrinhos para brincarem.

Com quantos carrinhos os dois ficaram?

Lucas tem 7 carrinhos.

Na terça-feira, ela vendeu 6 lanches.

Juntando quinta-feira e sexta-feira, foram vendidos 23 lanches. Quantos lanches Letícia vendeu a semana inteira?

Na segunda-feira, ela vendeu 12 lanches.

Letícia vende lanches na cantina da escola.

Na quarta-feira foi feriado e nenhum lanche foi vendido.